深度学习下的数字图像识别技术

冯浩——著

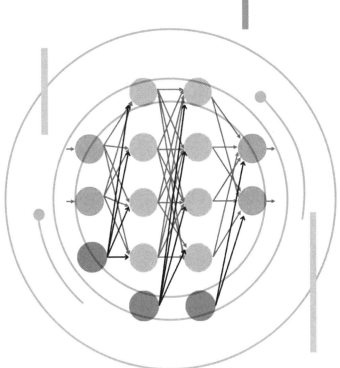

经济管理出版社
ECONOMY & MANAGEMENT PUBLISHING HOUSE

图书在版编目（CIP）数据

深度学习下的数字图像识别技术 / 冯浩著 . -- 北京：
经济管理出版社，2025. -- ISBN 978-7-5243-0225-4

I. TN911.73

中国国家版本馆 CIP 数据核字第 2025JY6368 号

组稿编辑：张丽媛
责任编辑：王光艳
责任印制：许　艳

出版发行：经济管理出版社
　　　　　（北京市海淀区北蜂窝 8 号中雅大厦 A 座 11 层　　100038）
网　　址：www.E-mp.com.cn
电　　话：（010）51915602
印　　刷：北京金康利印刷有限公司
经　　销：新华书店
开　　本：710mm×1000mm/16
印　　张：12.5
字　　数：218 千字
版　　次：2025 年 4 月第 1 版　　2025 年 4 月第 1 次印刷
书　　号：ISBN 978-7-5243-0225-4
定　　价：89.00 元

前　言

在当今这个信息化、数字化高速发展的时代，数字图像已成为人们日常生活中不可或缺的信息载体。从社交媒体上的照片分享，到医学的影像诊断，再到智能交通系统的监控，数字图像的应用无处不在，深刻影响着人们的生活和工作方式。随着大数据、云计算等技术的不断进步，数字图像的数量和质量都在迅速提升，如何高效地处理、分析和识别这些图像，成为亟待解决的重要问题。深度学习作为人工智能领域的一个重要分支，近年来在数字图像识别领域取得了显著成果，为这一问题的解决提供了强有力的技术支持。深度学习技术的飞速发展，特别是卷积神经网络、循环神经网络和生成对抗网络等模型的提出与优化，为数字图像识别带来了革命性的突破。这些模型不仅在图像分类、目标检测、图像分割等基本任务上拥有卓越的性能，还在医学影像分析、公共安全监控、智能交通系统等领域展现出了广泛的应用前景。在此背景下，本书的出版对于系统梳理和深入探讨深度学习在数字图像识别领域的应用与实践具有重要价值。

本书内容涵盖数字图像处理基础、深度学习核心理论、卷积神经网络与图像识别、循环神经网络与图像识别、生成对抗网络与图像识别以及深度学习在特定领域的图像识别等多个方面。首先，从数字图像处理的基础知识入手，论述数字图像概述、预处理技术和特征提取方法，为后续章节的学习奠定坚实的基础。其次，深入探讨深度学习的核心理论，包括神经网络的理论架构、BP算法（反向传播算法）及深度学习的方法论，为读者理解深度学习在数字图像识别中的应用提供必要的理论支撑。在此基础上，阐述卷积神经网络、循环神经网络和生成对抗网络的基本原理、经典模型及其在图像识别中的应用，展示深度学习在数字图像识别领域的强大能力和广泛的应用前景。最后，探讨深度学习在医学影像检测与识别、公共安全监控系统及智能交通系统安全行驶等特定领域的应用实践，进一步拓宽读者的视野和思路。

本书既注重理论知识的深入剖析，又强调实践应用的具体操作，使读者能够全面理解和掌握深度学习在数字图像识别中的应用；内容全面且系统，涵盖深度学习在数字图像识别领域的各个方面，从基础理论到具体应用，形成一个完整的知识体系；语言通俗易懂，表述清晰简洁，避免过多的数学推导和公式，使非数学专业的读者也能够轻松理解深度学习在数字图像识别中的应用。

总之，本书是对当前深度学习在数字图像识别领域应用与实践的全面总结和深入剖析，也是对未来技术发展的前瞻与展望。本书旨在为广大的科研工作者、工程师及相关从业人员提供理论指导与实践参考，共同推动深度学习在数字图像识别领域的研究与应用。希望本书的出版能够引起更多人对深度学习在数字图像识别领域的关注与兴趣，共同探索更多的技术创新与应用实践，为数字图像处理技术的发展和进步贡献自己的力量。

冯浩

2024 年 11 月

目　录

第一章
数字图像处理基础

第一节　数字图像概述

数字图像处理又称计算机图像处理，它是指将图像信号转换成数字信号并利用计算机对其进行处理的过程。

一、图像与数字图像处理

图像是对客观事物的某种相似性或象征性表述，是视觉感知与信息传达的媒介。通过图像，个体能够获取对现实对象的直观感知或象征意义的理解。

（一）图像的类型划分

图像的属性多样，其分类方式取决于不同的视角和研究领域。根据不同的标准，对图像进行有效分类有助于深入理解其结构和功能。

第一，依据人类视觉感知的特点，图像可以分为可见图像和不可见图像。可见图像是指人类肉眼可以直接感知的图像，而不可见图像是指通过特殊技术捕捉和呈现的非可见光谱成像。图像在这一分类下展示了其物理表现形式的差异。可见图像可以进一步划分为生成图像和光图像，前者是通过算法与模型生成的视觉表现，后者则利用光学手段形成。这种分类反映了图像在生成方式和感知上的差异，从而揭示出图像的生成机制对其表现形式的影响。

第二，依据图像的波段特性，图像可分为单波段图像、多波段图像和超波段图像。单波段图像是指每个像素点仅包含一个亮度值。多波段图像则是指每个像素点包含多个亮度值，如在彩色图像中，一个像素点可能同时包括红、绿、蓝三个波段的亮度值。超波段图像则涵盖更多波段信息，能够传递更为丰富的光谱数据。这种分类反映了图像在光谱信息处理中的广泛应用，并展现了其在特定应用领域的独特功能。通过多波段图像与超波段图像的分析，个体可以获取更为全面的环境和物体信息，揭示了图像在不同波段下的表现差异。

第三，依据空间坐标和明暗变化的连续性，图像可以分为模拟图像和数字图像。模拟图像的特点在于其空间坐标与亮度值的连续性，数字图像通过离散的方式进行表示，适合计算机的处理。数字图像通过对连续信号的离散化和量化，使其成为一系列灰度值的集合。这种分类方式不仅揭示了图像的表达形式，还体现了其在现代计算机技术中的处理方式。数字图像的离散特性使其能够被计算机算法解析和操作，推动了图像处理技术的广泛应用。

（二）数字图像处理的内容

图像是人类获取信息、表达信息和传递信息的重要手段。图像处理的任务是获取客观世界的景象并转化为数字图像，通过增强、复原、重建、变换、编码、压缩、分割等处理，将一幅图像转化为另一幅具有新的意义的图像。[①] 因此，数字图像处理技术已经成为信息科学、计算机科学、工程科学、地球科学等领域的学者研究图像的有效工具。

1. 数字图像处理

数字图像处理是一项依托计算机技术进行的复杂操作，其目的在于通过对数字图像进行变换、分析与理解，达到预期的处理效果。这一过程涵盖了从底层像素级别的操作到高级图像理解的广泛内容，涉及图像数据的转换、压缩、增强、复原与分割。数字图像处理的主要目标是优化图像的视觉效果，为自动识别、存储和传输提供基础。

（1）图像变换与空间处理的关系。在数字图像处理的诸多操作中，图像变换起着重要作用。由于图像阵列在空间域中的处理计算量过于庞大，通常采用变换域的方法进行处理。通过傅里叶变换、离散余弦变换等技术，将图像从空间域转换至变换域，不仅能够有效减少计算量，还能够提高处理的效率和准确性。这种变换技术在处理过程中实现了对图像信息的更精确控制。

（2）压缩编码与存储优化。图像压缩编码技术在数字图像处理中占据着重

---

① 魏龙生，陈珺，刘玮，等 . 数字图像处理［M］. 武汉：中国地质大学出版社，2023：5.

要位置。压缩编码可以有效减少图像数据量，从而优化存储和传输过程。无论是无失真压缩还是在允许的失真范围内进行压缩，编码技术的应用都能够显著节省图像处理所需的资源。压缩编码技术是数字图像处理中发展较为成熟的领域，具有广泛的应用价值。

（3）图像增强与复原的应用。在提升图像质量的过程中，图像增强和复原技术扮演了关键角色。图像增强旨在通过突出感兴趣的部分来提升图像的可视性，而图像复原要求对图像降质的原因有一定的了解，以通过去除噪声、模糊等方式重建图像。两者相结合的技术能够大幅提高图像的清晰度与可识别性，为后续的分析和应用奠定了基础。

（4）图像分割的研究与应用。图像分割是数字图像处理的一个核心环节，其目的是将图像中的有意义特征分离出来，为进一步的识别和理解提供支持。虽然当前的研究已经提出了多种边缘提取与区域分割的方法，但尚未有一种适用于所有图像的通用方法。图像分割的研究仍在不断深入，推动了这一领域的持续发展。

数字图像处理通过多种技术手段，优化了图像的视觉效果、满足了数据传输与存储需求，并为自动识别与分析提供了坚实的技术支持。

2. 数字图像分析

数字图像分析是一项旨在从图像中提取有用信息的复杂技术，通过对图像中目标的检测与测量，建立对其特征的有效描述。这一过程的根本目标在于使机器能够识别并处理图像中的目标，进而实现自动化识别与分类。图像分析的基本操作是将图像转换为数值或符号，从而生成对图像内容的非图像化表示。

（1）特征提取与符号描述。在图像分析过程中，特征提取和符号描述是关键环节。特征提取是从图像中识别并提取有意义的数值或符号特征，这些特征用于描述图像中目标的形态、纹理或其他属性。符号描述则通过对提取特征的符号化表达，生成对图像内容的高层次表述。这种从图像到符号的过程极大地提高了计算机对图像的理解能力，促使图像分析为后续的自动识别和匹配提供有效支持。

（2）目标检测与景物匹配。目标检测是数字图像分析中的核心步骤，其目的是在图像中识别出感兴趣的目标，并对其进行分类和测量。目标检测可以明确图像中的物体及其与背景之间的关系，进而为景物匹配提供基础。景物匹配是进一步通过对比和关联分析，将检测到的目标与预定义的模式进行匹配，以实现对复杂场景的识别和解释。这一过程依赖于对目标特征的精准测量以及对物体间关系的深入理解。

（3）人工智能与知识库的应用。随着人工智能技术的广泛应用，图像分析系统得到了显著提升。人工智能的引入不仅增强了图像分析系统对复杂场景的处理能力，还为多层次控制和知识库访问提供了支持。通过对图像分析过程的智能化控制，图像分析系统能够更有效地提取和处理图像中的信息，实现自动化分析和高效的目标识别。知识库的应用使系统能够利用已有的知识来解释新的图像数据，形成对目标和背景关系的准确理解。

图像分析的过程涵盖了从特征提取、符号描述到目标检测与景物匹配的多层次处理，通过一系列自动化技术，图像分析系统能够为图像理解提供可靠的数据支持和符号表示。

3. 数字图像理解

数字图像理解指的是利用计算机系统解释图像，并实现类似人类视觉系统功能的技术，用于理解外部世界。该技术也常被称为计算机视觉或景物理解。为了实现正确的图像理解，计算机需要借助知识的引导，这使得图像理解与人工智能等相关学科密切相关。

数字图像理解源自模式识别技术，其基本操作是将图像作为输入，输出一种对图像内容的描述。这种描述不仅采用符号化的方式进行，还需结合对客观世界的知识，促使计算机能够通过联想、推理等方式来理解图像所展现的内容。这一过程要求计算机具备一定的认知能力，以便生成对图像更加深入的解读。

数字图像理解的核心在于，在图像分析的基础上，进一步研究图像中目标的特性以及它们之间的相互关系，从而加深对图像整体内容的理解，并结合对原始客观场景的解释进行分析。这不仅可以为机器的行动规划和决策提供依据，还可以为进一步的自动化操作奠定基础。图像分析的研究更多以观察者的角度来理解和分析客观世界，图像理解更注重从客观世界出发，借助知识和经验，更全面地把握和解释图像中的场景与事物。因此，图像理解可以被视为一种高级操作，其处理方法与人类的思维推理过程具有高度的相似性。

（三）数字图像处理的特点

在计算机处理出现以前，图像处理都是采用光学照相处理和光学透镜滤波处理等模拟方法来进行的。所谓"数字图像处理"，就是指用数字计算机及其他相关的数字技术，对数字图像施加某种或某些运算和处理，从而达到某种预期的处理目的。随着计算机技术和图像处理技术的发展，用计算机或数字电路进行数字图像处理已经越来越显示出它的优越性。

数字图像处理无论在灵活性还是在精度和再现性方面，都有着模拟图像处理无法比拟的优点。在模拟处理中，要提高一个数量级的精度，必须对模拟处理装置进行大幅度改进。数字处理能利用程序自由地进行各种处理，并且能达到较高的精度。另外，由于半导体技术的不断进步，以普遍使用的微处理器为基础的图像处理专用高速处理器，以及以集成电路存储器为基础的图像存储和显示设备的成功开发，都进一步加快了数字图像处理技术的发展和实用化。[①]数字图像处理技术具有高度复杂性和多层次性，其特点表现在以下多个维度：

第一，数字图像处理涉及的信息量极为庞大，不仅包括单帧图像的高数据量，还涉及连续图像处理时的巨量数据吞吐。因此，对计算机的计算能力和存储资源提出了极高的要求。随着分辨率和帧率的提高，处理的复杂度随之增加，进一步挑战了现有的硬件与算法技术。

第二，数字图像处理对频带的需求也相对较高。与语言信息相比，图像处理所需的带宽超出数个数量级，这意味着在成像、传输和存储过程中，需要有效的频带管理技术，以应对大幅度的数据需求。特别是在传输图像的过程中，带宽的压缩技术成为核心挑战之一，直接影响图像的实时性和传输效率。

第三，数字图像的像素具有较强的相关性。图像中的相邻像素在灰度或颜色上的相似性较高，这种相关性不仅体现在同一帧图像的像素间，还体现在连续帧图像的时间轴上。这种现象为信息压缩提供了广阔的空间，也为数据处理中的冗余消除和优化压缩算法奠定了基础。

第四，图像处理在理解三维景物时依赖于知识引导。由于图像是三维场景的二维投影，单一的二维图像难以完全传递三维场景的几何信息。这就要求在进行三维场景分析时，运用额外的假设或增加多视角图像的测量来补充三维信息。解决这类问题不仅依赖于图像处理技术本身，而且涉及人工智能领域的深层次探索。

---

① 张弘，李嘉锋．数字图像处理与分析［M］．北京：机械工业出版社，2020：3．

第五，数字图像处理的结果通常由人来观察和评价。由于人的视觉系统复杂且受多种因素影响，评价图像质量的标准带有明显的主观性。环境、情绪、知识背景等都可能影响图像质量的感知，这也使得计算机视觉技术在模仿人类视觉系统时面临诸多挑战。因此，理解人类感知机制与图像质量评价的关系成为数字图像处理研究的重要课题之一。

（四）数字图像处理的多学科交叉性

数字图像处理是一门具有高度跨学科特性的学科，其研究范畴和技术涵盖了多个不同层次的处理过程，并与广泛的相关学科领域紧密联系。从图像获取到图像识别与解释，数字图像处理的每个层次都涉及不同的技术手段和理论支持。在低级处理阶段，数字图像处理主要关注图像的获取和预处理，所需的智能分析较少，而中级和高级处理阶段需要更高的智能分析水平，包括图像的分割、表示、描述以及最终的识别和解释。

在数学、物理学、计算机科学等基础学科的支持下，数字图像处理得以从多角度探索图像的理论基础与技术应用。同时，它也与生理学、心理学等学科产生了交叉，因为在图像感知与处理的过程中，人的视觉系统的生理与心理机制为数字图像处理提供了重要的参考依据。在研究方法上，数字图像处理吸收了这些学科的研究成果，从而形成了独特的理论框架与技术路线。

数字图像处理与计算机图形学的关系尤为密切。两者在处理目标上存在对立的特性：计算机图形学根据非图像数据生成图像，而图像分析从图像中提取符号或数据。这种相反的处理方式并不妨碍两者在算法和技术层面的相互支持与融合。模式识别与图像处理的联系则更多体现在图像分解和抽象描述的方式上，虽然输出结果不同，但它们在输入数据的处理上有着相似的思路，便于在不同系统中进行转换。

计算机视觉作为强调模拟人类视觉功能的研究领域，与数字图像处理在技术层面有着紧密的互动。计算机视觉不仅利用了数字图像处理的基本技术，还特别依赖于图像理解的研究成果。计算机视觉通过模仿人类的视觉感知来理解图像背后的含义，这一研究方向不断推动数字图像处理技术的发展。

此外，数字图像处理的研究进展也依赖于人工智能、神经网络、遗传算法、模糊逻辑等新兴技术和理论。这些技术为数字图像处理的智能化提供了重要的工具和平台，使其能够在更广泛的应用领域实现技术突破。医学图像处理、遥感图像分析、工业自动化中的视觉系统、通信中的图像压缩与传输等，均是数字图像处理与其他学科融合的典型应用。这种多学科交叉不仅推动了数字图像处理技术的进步，而且为其在各个行业的应用拓展了广阔的空间。

二、数字图像的模式识别

模式识别是人类智能的一个基本组成部分。在日常生活中，人类不断通过识别和分类感知到的各种模式来理解世界。随着 20 世纪 40 年代计算机技术的出现，以及 20 世纪 50 年代人工智能领域的兴起，科学家们开始尝试将计算机用于模拟和扩展人类的认知能力，尤其是在模式识别方面。计算机模式识别自 20 世纪 60 年代初发展以来，已经迅速成熟，并逐渐形成了一门独立的学科。

（一）模式识别的基本特征与类型划分

模式识别是一门通过对各种表征事物或现象的形式进行分析，以实现对事物进行分类、辨认和解释的科学。它的核心目标是将被观测到的事物或现象归类到相应的模式类别中，从而揭示事物间的相似性和差异性。广义而言，模式是存在于时间和空间中的可观察现象，这些现象可以通过一定的量度标准加以区分。狭义的模式则不直接指代事物本身，而是描述通过对事物进行观测后所得到的分布信息。

在模式识别的过程中，特征抽取是至关重要的步骤。特征向量是对对象信息进行简化后的表现形式，与学习样本中已经建立的标准向量进行匹配，能够判断待识别对象的类别。模式识别的准确性依赖于特征抽取的精确度以及识别字典的完备性。

模式识别可以被划分为抽象和具体两种形式。抽象模式是指概念和思想的识别，属于人工智能中更具理论性和抽象化的研究领域。具体模式则是指可以通过物理、化学或生物传感器进行观测和测量的模式，如语音波形、图片、文字等，它们是模式识别技术应用的主要对象。

模式识别的应用涵盖了多个领域，其研究不仅促进了对物理世界的深刻理解，而且推动了信息科学、计算机视觉以及人工智能等学科的交叉发展。模式识别通过对信息的提取和分析，成功地实现了对复杂环境中对象的分类和解释，成为人工智能的重要组成部分，展现了其强大的数据处理能力和潜在价值。

（二）数字图像模式识别的理论基础

数字图像模式识别的研究涵盖了多个学科领域，主要集中在生物感知与计算机实现两个方面。

生物感知是指生物体，尤其是人类如何通过视觉系统感知和辨识外部对象，这是认知科学的研究范畴，涉及生理学、心理学、神经生物学等多个学科。对人类感知机制的深入理解可以为模式识别技术的研发提供理论基础和启示。

计算机模式识别的实现是基于数学模型和信息处理理论，旨在通过算法来模拟生物的感知过程。通过对输入数据进行特征抽取、分类和识别，计算机能够在给定的任务框架内自动辨别和分类模式。该过程涉及大量复杂的计算和数据处理，得益于近年来信息学、计算机科学和相关技术的发展，数字图像模式识别已经形成了系统化的理论体系和技术应用方法。

模式识别的数学基础通常包括概率论、统计学、优化理论等，这些理论模型的运用可以确保模式识别的高效性和准确性。不同的算法设计与学习机制使得计算机在处理图像识别任务时能够逐步提高精度，并适应各种复杂场景。

（三）数字图像模式识别的系统架构

数字图像模式识别系统由多个模块化的组成部分构成，主要包括信息获取、数据预处理、特征提取与分类决策等。这些模块在整个模式识别过程中发挥各自的关键作用，共同确保系统能够有效实现分类与辨识。每一部分的设计和实现都基于不同的应用需求，都具有高度的灵活性与适应性。

信息获取是数字图像模式识别系统的基础环节。通过传感器对外界环境中的待识别对象进行测量与采样，将物理变量转化为计算机能够处理的数值或符号序列，形成模式空间的基本构成。在此过程中，所得到的矩阵或向量表示是系统后续处理的基础，信息获取质量的好坏直接影响整个系统的识别效果。

数据预处理是提高模式识别系统性能的重要步骤，旨在通过一系列技术去除噪声和不相关的信号，同时强化有用信息。预处理不仅包括对信号的复原和增强，更包括对数据进行必要的变换，以便为后续特征提取提供优化的输入。对于数字图像来说，图像复原与增强技术能够提升视觉效果，并为进一步的特征分析提供高质量的输入数据。

特征提取与分类决策是整个系统的核心。在特征提取阶段，系统通过对原始数据的分析，选取最具代表性的特征，构建特征空间，以减少数据的复杂性和计算量。分类决策是在特征空间基础上进行模式的归类，通过模型匹配或系统训练，将待识别对象分类为特定类别。在这个过程中，特征提取的精度与分类算法的有效性直接影响识别的准确性和可靠性。

（四）数字图像模式识别的主要方法

数字图像模式识别领域的主要方法包括统计模式识别、句法结构模式识别、人工神经网络模式识别与模糊模式识别。这些方法各具特点，广泛应用于模式识别任务中，具有较高的实用价值。

第一，统计模式识别。统计模式识别基于统计概率理论，尤其是贝叶斯决策系统进行模式分类。这种方法假设待识别对象或特征向量符合特定的概率分布，进而将提取的特征向量映射到特征空间中。该空间的构建允许对不同类别的对象进行有效区分，通过统计决策原理对特征空间进行划分，以实现对象识别。判别函数法、K近邻分类法、非线性映射法、特征分析法及主成分分析法等方法，均在此框架下应用，特别强调特征提取的研究。

第二，句法结构模式识别。句法结构模式识别聚焦于待识别对象的结构特征，利用主模式与子模式的层次结构进行模式识别。这种方法将识别对象视为一种语言结构，强调基本元素（如点、线、面）之间的规则和关系，通过分析结构特征完成识别任务。

第三，人工神经网络模式识别。人工神经网络模式识别起源于对生物神经系统的研究，旨在通过互连的处理单元（神经元）构建一个模仿人类神经系统的网络。这种方法通过特定的机制（如误差反向传播）实现对对象的分类，具有较强的智能化特征，能够在缺乏深入分析的情况下进行有效的识别与分类。

第四，模糊模式识别。模糊模式识别作为对传统模式识别方法的有效补充，能够处理模糊性事物，并基于模糊数学理论进行判断。该方法通过借鉴人类思维的逻辑，将计算机常用的二值逻辑转变为连续逻辑，从而更准确地反映对象隶属于某一类别的程度。这种方法不仅简化了识别系统的结构，还深入地模拟了人脑的思维过程，提高了对客观事物的分类与识别效率。

第二节　数字图像预处理技术

数字图像预处理技术在图像模式识别与计算机视觉中占据着重要地位，其主要目的是通过改善图像质量，为后续的特征提取和分类奠定基础。这些技术涵盖了多个方面，包括图像增强、图像复原及变换等，旨在优化输入图像，以提高其视觉效果和可用性。

一、数字图像增强处理技术

（一）增强处理技术的内涵与特点

数字图像增强处理技术旨在改善图像质量，使其更易于被人类观察和计算机分析。这一技术在多个领域具有广泛应用，包括医学成像、遥感、监控视频分析等。图像增强处理的核心内涵在于通过各种技术手段，针对图像存在的缺陷和不足，优化其视觉效果并突出特征。

图像增强处理技术的特点主要体现在以下方面：

第一，针对性体现在该技术能够根据特定应用需求和图像特征，选择相应的增强手段。例如，在医学影像中可能需要增强组织结构的细节，以便医生进行更为准确的诊断。在此情境下，增强对比度和边缘锐化技术被广泛采用，以提高病灶的可视性。此种针对性使得图像增强不是简单的图像处理，而是与实际应用需求紧密结合。

第二，数字图像增强处理技术的多样性反映在其方法的丰富性上。依据增强目的的不同，常见的增强方法包括对比度增强、图像平滑、图像锐化等。不同的增强方法可结合使用，形成综合的增强方案，以满足复杂场景下的需求。例如，频率域增强法和空间域增强法的结合能够有效处理图像中的噪声与模糊，从而获得更为清晰的图像。通过对图像像素进行运算处理，这些方法能够从不同的维度改善图像质量。

第三，图像增强处理的人机交互性。在实际应用中，增强过程往往需要人类用户根据图像的特性和具体需求，手动调整参数和选择适当的技术。这种人机交互的特性使得图像增强的过程更为灵活且具有适应性，用户能够根据实时反馈进行调整，以达到最佳效果。

第四，数字图像增强处理技术的实用性和有效性使其成为数字图像处理领域的一个重要组成部分。通过有效地改善图像质量和突出关键特征，这项技术不仅提升了人类的视觉体验，还为计算机自动化分析提供了更为精准的数据基础。图像增强的研究与应用不断演进，随着计算技术的进步，新的增强技术将持续推动图像处理领域的发展。

（二）图像处理技术的评价——图像质量

讨论图像处理技术，必然要涉及图像质量问题。图像质量的评价在图像处理中是很重要的，因为只有有了可靠的图像质量度量方法，人们才能正确评价图像质量的好坏、处理技术的优劣及系统性能的高低。图像质量可以从不同的方面以不同的方式评价。在评价方式上，可以分为客观评价和主观评价。

客观评价通过原图像和待评图像的差值度量。主观评价方式以人作为图像的评估者来评价图像质量的好坏。因为相当多的图像处理目的就是供人观看，更主要的是人的视觉系统相当完善，能够同时从多方面评价图像质量，所以主观评价方式是一种重要而可靠的途径。

主观评价有两种方式：绝对方式和相对方式。这两种方式都有评价的尺度或标准。绝对方式的一般步骤是由观察者观看待评的图像，然后按预先规定的评价标准去评估图像质量，并且定出它的等级，最后求出该图像的平均等级 J，J 便是该图像的评价结果，平均等级为

$$J=\sum_{K}^{i=1} n_i J_i \Big/ \sum_{K}^{i=1} n_i \qquad (1-1)$$

式中：K——预先规定的等级总数；n_i，J_i——n_i 个人给该图定为 J_i 等级。

为了保证统计的可靠性，参加观测者应不少于 20 名，且在年龄层次、性别、专业能力等方面应具有代表性。

以下为两个绝对评定标准：

第一，全优尺度：5（优——如所要求的极高质量）；4（好——可供欣赏的高质量）；3（中——尚可使用，但需改善）；2（差——勉强可用）；1（劣——不能使用）。

第二，损害尺度：1（未感觉到损害）；2（刚好感觉到损害）；3（感觉到但只对图像有轻微损害）；4（对图像有损害，但图像尚悦目）；5（稍感不悦

目）；6（不悦目）；7（非常不悦目）。

相对方式是让观测者观察多幅图像，根据预先规定的标准按质量的好坏将图像排出顺序或打分。不同的应用领域通常采用不同的尺度，电视专业人员使用损害尺度，一般人常采用全优尺度。无论采用哪种尺度，均应使测试条件与使用条件匹配。

图像主观评价得分实际上受到图像质量、图像类型、观察者的修养及测试条件等方面因素的综合影响。图像质量取决于各种失真以及内部参数（如电视图像的对比度、亮度）设定，观察者的修养包括心理素质及专业水平。关于诸方面因素对得分的影响，人们进行了长期深入的理论研究和实验，提出了一些数学模型，并已得到了实际应用。在图像增强技术的优劣评估或者对处理后图像的评估中，主要采用主观方法，而客观评价方法在图像恢复领域使用较多。

二、数字图像复原处理技术

数字图像复原处理技术旨在通过对退化图像的分析与处理，恢复其原始信息并提高其质量。这一技术强调从客观出发，依赖于对图像退化过程的深入理解，以便有效地重建受到损失或干扰的图像。图像复原不仅是改善图像视觉效果，更重要的是通过数学模型和算法将图像的真实信息提取出来，从而实现更高的图像准确性和可用性。

图像复原处理的核心在于对退化过程的建模。退化可能由多种因素造成，包括噪声、模糊、数据丢失等。为了实现有效复原，研究者必须建立一个关于退化因素的模型，以便在复原过程中引入相应的先验知识。这一过程通常涉及复杂的数学理论与算法，如频域分析、逆滤波、维纳滤波等，旨在通过对已知退化模型的反演来恢复图像。

在图像复原中，评估复原效果的标准通常基于客观准则。这些标准可以是图像的信噪比、结构相似性指数等，它们为复原结果提供了量化依据。与图像增强不同，复原的过程更依赖于对数学模型的精确求解，以达到恢复图像真实信息的目的。这种客观性使得图像复原处理不仅适用于主观评判的领域，还适用于自动化处理的需求，如在工业检测、医学影像分析等领域，复原技术能够有效提升图像质量，提高后续分析的准确性。

数字图像复原处理技术的显著特征是其适应性。由于不同的退化过程具有各自的特点，复原算法必须能够根据具体情况进行调整。这要求研究者在设计复原算法时考虑到各种可能的退化模型，以便在实际应用中实现灵活的适配。例如，在处理具有不同噪声特性的图像时，需要选择不同的复原技术，以达到最佳效果。

（一）图像退化 / 复原过程模型

退化过程可以被模型化为一个退化函数与一个加性噪声项。设退化函数用算子 H 表示，则未退化的"完美"图像 $f(x,y)$ 在退化函数以及加性噪声 $\eta(x,y)$ 的作用下成为实际获得的退化图像 $g(x,y)$：

$$g(x,y)=Hf(x,y)+\eta(x,y) \tag{1-2}$$

当 $g(x,y)$ 已知，且对于退化函数 H 和噪声 $\eta(x,y)$ 均有一定了解时，图像复原的目的便是获得尽可能接近于原始图像 $f(x,y)$ 的一个估计值 $\hat{f}(x,y)$。通常而言，对于 H 和 $\eta(x,y)$ 了解越多，所得到的 $\hat{f}(x,y)$ 就会越接近于 $f(x,y)$。

如果系统 H 是线性且具有位移不变性的话，则退化过程式（1-2）可简化为

$$g(x,y)=h(x,y)\times f(x,y)+\eta(x,y) \tag{1-3}$$

其中，$h(x,y)$ 为系统 H 的脉冲响应函数，在光学中又被称为点扩散函数（PSF）。光学成像系统中造成像质下降（退化）的主要原因是衍射效应及透镜的像差，此时，由点光源生成的像是一个弥散光斑，因此得名为点扩散函数。

式（1-3）的频域等价描述为

$$G(u,v)=H(u,v)F(u,v)+N(u,v) \tag{1-4}$$

其中，$G(u,v)$、$H(u,v)$、$F(u,v)$ 和 $N(u,v)$ 分别为 $g(x,y)$、$h(x,y)$、$f(x,y)$ 和 $\eta(x,y)$ 的傅里叶变换。$H(u,v)$ 称为退化过程 H 的传递函数。

对 $f(x,y)$ 和 $h(x,y)$ 进行均匀采样可以得到离散化的退化模型，此时式（1-3）变为

$$g(x,y)=\sum_{M-1}^{m=0}\sum_{N-1}^{n=0}f(m,n)h(x-m,\ y-n)+\eta(x,y),\ 0\leq x\leq M-1,\ 0\leq y\leq N-1 \tag{1-5}$$

其中，$g(x,y)$、$h(x,y)$、$f(x,y)$ 和 $\eta(x,y)$ 均为周期等于 M 与 N 的周期函数。如果其中某个函数 $w(x,y)$ 的大小不等于 $M\times N$ 而是等于 $K\times L$，则需要将它进行补零延拓成为 $M\times N$ 的大小，延拓方法如下：

$$w_e(x,y) = \begin{cases} w(x,y) & 0 \leq x \leq K-1 \text{ 且 } 0 \leq y \leq L-1 \\ 0 & K \leq x \leq M-1 \text{ 或 } L \leq y \leq N-1 \end{cases} \quad (1-6)$$

将延拓后的矩阵 $f(x,y)$、$g(x,y)$ 和 $\eta(x,y)$ 按行串接为矢量，如将 $f(x,y)$ 串接为

$$f = [f(0,0) \cdots f(0,N-1) \cdots f(M-1,0) \cdots f(M-1,N-1)]^T \quad (1-7)$$

则以上矩阵分别变为长度为 MN 的矢量 f、g 和 η。定义 $MN \times MN$ 大小的 H 矩阵为

$$H = \begin{bmatrix} H_0 & H_{M-1} & H_{M-2} & \cdots & H_1 \\ H_1 & H_0 & H_{M-1} & \cdots & H_2 \\ H_2 & H_1 & H_0 & \cdots & H_3 \\ \vdots & \vdots & \vdots & \vdots & \vdots \\ H_{M-1} & H_{M-2} & H_{M-3} & \cdots & H_0 \end{bmatrix} \quad (1-8)$$

其中：

$$H_j = \begin{bmatrix} h(j,0) & h(j,N-1) & h(j,N-2) & \cdots & h(j,1) \\ h(j,1) & h(j,0) & h(j,N-1) & \cdots & h(j,2) \\ h(j,2) & h(j,1) & h(j,0) & \cdots & h(j,3) \\ \vdots & \vdots & \vdots & \vdots & \vdots \\ h(j,N-1) & h(j,N-2) & h(j,N-3) & \cdots & h(j,0) \end{bmatrix} \quad (1-9)$$

则式（1-5）可以写为

$$g = Hf + \eta \quad (1-10)$$

H 矩阵是线性位移不变系统所固有的，由系统的 PSF 构成，因此又称为点扩散函数矩阵。

（二）线性滤波图像复原方法

如果图像退化为线性位移不变，且噪声为加性，则可以利用线性代数，通过最小二乘法来获取最优估计。这种方法称为线性滤波复原方法，又称为代数方法。

1. 无约束复原

当不考虑噪声时，式（1-10）简化为

$$g = Hf \quad (1-11)$$

此时可利用最小二乘法进行估计，即寻找估计 $\hat{f}$，使得目标函数：

$$J(\hat{f}) = \|g - Hf\|^2 = (g - \hat{H})^T(g - Hf) \quad (1-12)$$

为最小。

各自的特点，复原算法必须能够根据具体情况进行调整。这要求研究者在设计复原算法时考虑到各种可能的退化模型，以便在实际应用中实现灵活的适配。例如，在处理具有不同噪声特性的图像时，需要选择不同的复原技术，以达到最佳效果。

（一）图像退化 / 复原过程模型

退化过程可以被模型化为一个退化函数与一个加性噪声项。设退化函数用算子 H 表示，则未退化的"完美"图像 $f(x,y)$ 在退化函数以及加性噪声 $\eta(x,y)$ 的作用下成为实际获得的退化图像 $g(x,y)$：

$$g(x,y)=Hf(x,y)+\eta(x,y) \tag{1-2}$$

当 $g(x,y)$ 已知，且对于退化函数 H 和噪声 $\eta(x,y)$ 均有一定了解时，图像复原的目的便是获得尽可能接近于原始图像 $f(x,y)$ 的一个估计值 $\hat{f}(x,y)$。通常而言，对于 H 和 $\eta(x,y)$ 了解越多，所得到的 $\hat{f}(x,y)$ 就会越接近于 $f(x,y)$。

如果系统 H 是线性且具有位移不变性的话，则退化过程式（1-2）可简化为

$$g(x,y)=h(x,y)\times f(x,y)+\eta(x,y) \tag{1-3}$$

其中，$h(x,y)$ 为系统 H 的脉冲响应函数，在光学中又被称为点扩散函数（PSF）。光学成像系统中造成像质下降（退化）的主要原因是衍射效应及透镜的像差，此时，由点光源生成的像是一个弥散光斑，因此得名为点扩散函数。

式（1-3）的频域等价描述为

$$G(u,v)=H(u,v)F(u,v)+N(u,v) \tag{1-4}$$

其中，$G(u,v)$、$H(u,v)$、$F(u,v)$ 和 $N(u,v)$ 分别为 $g(x,y)$、$h(x,y)$、$f(x,y)$ 和 $\eta(x,y)$ 的傅里叶变换。$H(u,v)$ 称为退化过程 H 的传递函数。

对 $f(x,y)$ 和 $h(x,y)$ 进行均匀采样可以得到离散化的退化模型，此时式（1-3）变为

$$g(x,y)=\sum_{M-1}^{m=0}\sum_{N-1}^{n=0}f(m,n)h(x-m,\ y-n)+\eta(x,y),\ 0\leq x\leq M-1,\ 0\leq y\leq N-1 \tag{1-5}$$

其中，$g(x,y)$、$h(x,y)$、$f(x,y)$ 和 $\eta(x,y)$ 均为周期等于 M 与 N 的周期函数。如果其中某个函数 $w(x,y)$ 的大小不等于 $M\times N$ 而是等于 $K\times L$，则需要将它进行补零延拓成为 $M\times N$ 的大小，延拓方法如下：

$$w_e(x,y)=\begin{cases} w(x,y) & 0\leq x\leq K-1 \text{ 且 } 0\leq y\leq L-1 \\ 0 & K\leq x\leq M-1 \text{ 或 } L\leq y\leq N-1 \end{cases} \tag{1-6}$$

将延拓后的矩阵 $f(x,y)$、$g(x,y)$ 和 $\eta(x,y)$ 按行串接为矢量，如将 $f(x,y)$ 串接为

$$\boldsymbol{f}=\left[f(0,0)\cdots f(0,N-1)\cdots f(M-1,0)\cdots f(M-1,N-1)\right]^T \tag{1-7}$$

则以上矩阵分别变为长度为 MN 的矢量 $\boldsymbol{f}$、$\boldsymbol{g}$ 和 $\boldsymbol{\eta}$。定义 $MN\times MN$ 大小的 $\boldsymbol{H}$ 矩阵为

$$\boldsymbol{H}=\begin{bmatrix} \boldsymbol{H}_0 & \boldsymbol{H}_{M-1} & \boldsymbol{H}_{M-2} & \cdots & \boldsymbol{H}_1 \\ \boldsymbol{H}_1 & \boldsymbol{H}_0 & \boldsymbol{H}_{M-1} & \cdots & \boldsymbol{H}_2 \\ \boldsymbol{H}_2 & \boldsymbol{H}_1 & \boldsymbol{H}_0 & \cdots & \boldsymbol{H}_3 \\ \vdots & \vdots & \vdots & \vdots & \vdots \\ \boldsymbol{H}_{M-1} & \boldsymbol{H}_{M-2} & \boldsymbol{H}_{M-3} & \cdots & \boldsymbol{H}_0 \end{bmatrix} \tag{1-8}$$

其中：

$$\boldsymbol{H}_j=\begin{bmatrix} h(j,0) & h(j,N-1) & h(j,N-2) & \cdots & h(j,1) \\ h(j,1) & h(j,0) & h(j,N-1) & \cdots & h(j,2) \\ h(j,2) & h(j,1) & h(j,0) & \cdots & h(j,3) \\ \vdots & \vdots & \vdots & \vdots & \vdots \\ h(j,N-1) & h(j,N-2) & h(j,N-3) & \cdots & h(j,0) \end{bmatrix} \tag{1-9}$$

则式（1-5）可以写为

$$\boldsymbol{g}=\boldsymbol{H}\boldsymbol{f}+\boldsymbol{\eta} \tag{1-10}$$

$\boldsymbol{H}$ 矩阵是线性位移不变系统所固有的，由系统的 PSF 构成，因此又称为点扩散函数矩阵。

（二）线性滤波图像复原方法

如果图像退化为线性位移不变，且噪声为加性，则可以利用线性代数，通过最小二乘法来获取最优估计。这种方法称为线性滤波复原方法，又称为代数方法。

1. 无约束复原

当不考虑噪声时，式（1-10）简化为

$$\boldsymbol{g}=\boldsymbol{H}\boldsymbol{f} \tag{1-11}$$

此时可利用最小二乘法进行估计，即寻找估计 $\hat{\boldsymbol{f}}$，使得目标函数：

$$J(\hat{\boldsymbol{f}})=\|\boldsymbol{g}-\boldsymbol{H}\boldsymbol{f}\|^2=(\boldsymbol{g}-\hat{\boldsymbol{H}})^T(\boldsymbol{g}-\boldsymbol{H}\boldsymbol{f}) \tag{1-12}$$

为最小。

求解该最小二乘问题可得：

$$\hat{f} = (H^{\mathrm{T}}H)^{-1}H^{\mathrm{T}}g \qquad (1-13)$$

若 H 为方阵且非奇异，则式（1–13）可进一步简化为

$$\hat{f} = H^{-1}(H^{\mathrm{T}})^{-1}H^{\mathrm{T}}g = H^{-1}g \qquad (1-14)$$

其中的 H^{-1} 为逆滤波器的传递函数，而这一复原称为逆滤波复原。逆滤波复原的频域表达为

$$\hat{F}(u,v) = G(u,v)/H(u,v) \qquad (1-15)$$

利用式（1–15）进行直接逆滤波的效果一般不佳，因为 $H(u,v)$ 中常会出现零值或接近零值的小数，因此除法运算难以可靠进行。特别是当考虑噪声无法完全避免时，由式（1–15）可知此时的直接逆滤波的结果为

$$\hat{F}(u,v) = F(u,v) + \frac{N(u,v)}{H(u,v)} \qquad (1-16)$$

因此，在 $H(u,v)$ 值接近于 0 的地方，噪声的作用将被显著放大，使所得到的复原图像毫无意义。

处理以上问题的一种途径是将直接逆滤波的作用范围限制在零频附近，因为在零频附近一般较少遇到零值，从而在某些情况下得以绕开上述问题。

2. 维纳滤波

考虑退化过程式（1–10），当加性噪声项 η 需要被考虑在内时，可通过添加如下的约束来达到这一目的：

$$\|g - H\hat{f}\|^2 = \|\eta\|^2 \qquad (1-17)$$

现在的复原目标是找到一个估计值 $\hat{f}$，在约束式（1–17）的情况下使得形如 $\|Q\hat{f}\|^2$ 的目标函数最小化，其中 Q 是选定用于对 $\hat{f}$ 进行某种线性变换的矩阵，指定不同的 Q，可以达到不同的复原目标。利用拉格朗日乘子法，引入乘子 λ，可以将上述有约束最小化问题转化为如下目标函数的无约束最小化问题：

$$J(\hat{f}) = \|Q\hat{f}\|^2 + \lambda(\|g - H\hat{f}\|^2 - \|\eta\|^2) \qquad (1-18)$$

求解可得：

$$\hat{f} = (H^{\mathrm{T}}H + \gamma Q^{\mathrm{T}}Q)^{-1}H^{\mathrm{T}}g \qquad (1-19)$$

式中，$\gamma = 1/\lambda$。式（1–19）为约束最小二乘复原解的通式。

令 $Q^{\mathrm{T}}Q = R_f^{-1}R_\eta$，其中 $R_f = E[ff^{\mathrm{T}}]$ 和 $R_\eta = E[\eta\eta^{\mathrm{T}}]$ 分别为 f 与 h 的自相关

矩阵，则式（1-19）变为

$$\hat{f} = (\boldsymbol{H}^T\boldsymbol{H} + \gamma\, \boldsymbol{R}_f^{-1}\boldsymbol{R}_\eta)^{-1}\boldsymbol{H}^T\boldsymbol{g} \tag{1-20}$$

在频域中，滤波器的表达式为

$$\hat{F}(u,v) = \frac{H^*(u,v)}{|H(u,v)|^2 + \gamma\left[S_\eta(u,v)/S_f(u,v)\right]}\, G(u,v) \tag{1-21}$$

式中，$S_f(u,v)$ 和 $S_\eta(u,v)$ 分别为真实图像信号与噪声信号的功率谱密度。

由式（1-21）可见：

（1）当不存在噪声时，$S_\eta(u,v) = 0$，式（1-21）简化为直接逆滤波式（1-15）。

（2）当 $\gamma = 1$ 时，式（1-21）称为最小均方误差滤波（维纳滤波）。

（3）当存在噪声且 $\gamma \neq 1$ 为变量时，式（1-21）称为参数化维纳滤波。

（4）当 $\gamma = 1$ 且 $S_f(u,v)$ 和 $S_\eta(u,v)$ 未知时，通常用一个常数 K 代替 $S_\eta(u,v)/S_f(u,v)$，此时式（1-21）变为

$$\hat{F}(u,v) = \frac{H^*(u,v)}{|H(u,v)|^2 + K}\, G(u,v) \tag{1-22}$$

3. 平滑约束滤波器

维纳滤波器式（1-21）要求真实图像和噪声均为平稳随机场，且要求功率谱密度为已知，这样的要求在实际中常常无法达到。此外，由于退化函数中接近零值的存在，特别是对于近似具有低通性质的退化函数的情况，使得高频区的噪声常常得到不同程度的加强，从而在复原图像中出现较为严重的震荡。要解决这一问题，一种方法是为式（1-19）选择合适的 Q 矩阵，来对复原模型施加一定的光滑性约束。

取 Q 为一个高通滤波算子所对应的矩阵，如拉普拉斯算子：

$$p(x,y) = \begin{bmatrix} 0 & 1 & 0 \\ 1 & -4 & 1 \\ 0 & 1 & 0 \end{bmatrix} \tag{1-23}$$

将该算子补零延拓为与 $f(x,y)$ 大小相同，并且将延拓后的矩阵按式（1-8）和式（1-9）的方式加以处理而得到点扩散函数矩阵 $\boldsymbol{P}$，则令 $\boldsymbol{Q} = \boldsymbol{P}$，由式（1-19）可得：

$$\hat{f} = (\boldsymbol{H}^T\boldsymbol{H} + \gamma\boldsymbol{P}^T\boldsymbol{P})^{-1}\boldsymbol{H}^T\boldsymbol{g} \tag{1-24}$$

估计值$\hat{f}$是在约束式（1-17）下使得目标函数$\|\hat{Q}f\|^2$最小化的解，而目标函数$\|\hat{Q}f\|^2$的意义是将复原图像与拉普拉斯算子式（1-23）进行卷积后所得图像像素的平方和。复原图像与拉普拉斯算子进行卷积的结果在图像尖锐边缘处的响应值强烈，而在图像灰度变化光滑的地方响应值接近于0，因此使得$\|\hat{Q}f\|^2$最小，即要求复原图像尽可能光滑。式（1-24）的频域表达为

$$\hat{F}(u,v) = \frac{H^*(u,v)}{|H(u,v)|^2+\gamma|P(u,v)|^2}G(u,v) \qquad (1-25)$$

式中：$P(u,v)$——拉普拉斯算子的频域滤波器。

由式（1-25）可见，该滤波器在高频区提高了分母的值，从而对复原图像的高频分量进行了更强的抑制，以起到消除高频振荡的作用。γ的取值控制了对估计图像所加光滑性约束的强度。

三、数字图像频谱变换技术

频谱变换的基本方法是频域滤波，是一种对图像的频谱域进行演算的变换，主要包括低通频域滤波和高通频域滤波。低通频域滤波通常用于滤除噪声，高通频域滤波通常用于提升图像的边缘和轮廓等特征。

进行频域滤波的使用的数学表达式为$G(u,v)=H(u,v)F(u,v)$。其中，$F(u,v)$是原始图像的频谱，$G(u,v)$是变换后图像的频谱，$H(u,v)$是滤波器的转移函数或传递函数，也称频谱响应。

对一幅灰度图像进行频域滤波的基本步骤包括：①对源图像$f(x,y)$进行傅里叶正变换，得到源图像的频谱$F(u,v)$；②用指定的转移函数$H(u,v)$对$F(u,v)$进行频域滤波，得到结果图像的频谱$G(u,v)$；③对$G(u,v)$进行傅里叶逆变换，得到结果图像$g(r,y)$。

（一）低通频域滤波器

对低通滤波器来说，$H(u,v)$应该对高频成分有衰减作用而又不影响低频分量。滤波器是一种用来消除干扰杂讯的器件，将输入或输出经过过滤而得到纯净的直流电。[1]常用的低通滤波器都是零相移滤波器（频谱响应对实分量和虚分量的衰减相同），而且频率平面的原点是圆对称的，具体如下。

---

[1]　吴培希.有关零相数字滤波器的实现［J］.信息系统工程，2012（4）：95.

1. 理想低通滤波器

理想低通滤波器的转移函数为

$$H(u,v) = \begin{cases} 1 & d(u,v) \leqslant d_0 \\ 0 & d(u,v) > d_0 \end{cases} \tag{1-26}$$

式中：非负数 d_0——截止频率；$d(u,v) = \sqrt{u^2+v^2}$——频率平面的原点到点 (u,v) 的距离。

理想低通滤波器过滤了高频成分，高频成分的滤除使图像变模糊，但过滤后的图像往往含有"抖动"或"振铃"现象。

2. 巴特沃斯低通滤波器

巴特沃斯（Butterworth）低通滤波器又称最大平坦滤波器，n 阶 Butterworth 低通滤波器的转移函数如下：

$$H(u,v) = \frac{1}{1 + (\sqrt{2}-1)\left[d(u,v)/d_0\right]^{2n}} \tag{1-27}$$

式中：非负数 d_0——截止频率；$d(u,v) = \sqrt{u^2+v^2}$——频率平面的原点到点 (u,v) 的距离；n——Butterworth 低通滤波器的阶数。

与理想低通滤波器相比，经 Butterworth 低通滤波器处理的图像模糊程度会大大减少，并且过滤后的图像没有"抖动"或"振铃"现象。

3. 指数低通滤波器

指数低通滤波器是图像处理中常用的一种平滑滤波器，n 阶指数低通滤波器的转移函数如下：

$$H(u,v) = \exp\left(\ln(1/\sqrt{2})\left(d(u,v)/d_0\right)^n\right) \tag{1-28}$$

式中：非负数 d_0——截止频率；$d(u,v) = \sqrt{u^2+v^2}$——频率平面的原点到点 (u,v) 的距离；n——指数低通滤波器的阶数。

指数低通滤波器的平滑效果与 Butterworth 低通滤波器大致相同。

（二）高通频域滤波器

高通频域滤波是加强高频成分的方法，它使高频成分相对突出，低频成分相对抑制，从而实现图像锐化。常用的高通频域滤波器有以下种类。

1. 理想高通滤波器

理想高通滤波器的转移函数如下：

$$H(u,v) = \begin{cases} 1 & d(u,v) \geqslant d_0 \\ 0 & d(u,v) < d_0 \end{cases} \tag{1-29}$$

式中：非负数 d_0——截止频率；$d(u,v)=\sqrt{u^2+v^2}$——频率平面的原点到点 (u,v) 的距离。

理想高通滤波器只保留了高频成分。

2. Butterworth 高通滤波器

n 阶 Butterworth 高通滤波器的转移函数如下：

$$H(u,v)=\frac{1}{1+(\sqrt{2}-1)\left[d_0/d(u,v)\right]^{2n}} \tag{1-30}$$

式中：非负数 d_0——截止频率；$d(u,v)=\sqrt{u^2+v^2}$——频率平面的原点到点 (u,v) 的距离；n——Butterworth 高通滤波器的阶数。

与理想高通滤波器相比，经 Butterworth 高通滤波器处理的图像会更平滑。

3. 指数高通滤波器

H 阶指数高通滤波器的转移函数为

$$H(u,v)=\exp\left(\ln(1/\sqrt{2})(d_0/d(u,v))^n\right) \tag{1-31}$$

式中：非负数 d_0——截止频率；$d(u,v)=\sqrt{u^2+v^2}$——频率平面的原点到点 (u,v) 的距离；n——指数高通滤波器的阶数。

指数高通滤波器的锐化效果与 Butterworth 高通滤波器大致相同。

第三节　数字图像特征提取

虽然图像给人们提供了十分丰富的信息，但是这些图像信息通常具有很高的维数。以一幅尺寸大小为 400×300 像素的黑白图像为例，它可以得到 120000 个点数据，每个点数据有两种变化的可能性，即该点是白色还是黑色。对于彩色图像和分辨率更高的图像而言，数据量更是惊人。这对于实时系统来说是一场灾难，因为测量空间的维数过高，不适合进行分类器和识别方法的使用。因此，需要将测量空间的原始数据通过特征提取获得在特征空间最能反映分类本质的特征。

一、数字图像特征的特点及分类

数字图像特征是指通过特定的方法从图像中提取出的具有重要意义的数值

或符号，这些特征能够有效反映图像内容的本质和关键属性。特征的提取与选择对于图像处理和模式识别领域至关重要，因为它们为计算机理解和分析图像提供了基础。在进行图像分类、识别和分析时，准确提取图像特征是实现有效计算的前提。

在图像处理过程中，特征提取的目的是将原始图像信息转换为特征空间中的描述属性。原始图像通常被称为图像空间，而提取出的特征构成了特征空间，这一转化过程是特征提取的核心。在特征空间中，图像特征通过数量化的方式将重要信息表达出来，使得后续的处理和分析能够更加高效且准确。通过这一过程，图像特征不仅增强了计算机对图像内容的理解能力，而且促进了对图像信息的进一步分析。

特征提取的技术和方法多种多样，包括基于颜色、形状、纹理等多个维度的特征描述。每种特征提取方法所获得的特征信息具有其独特性和适用性，影响着后续的图像处理效果。例如，形状特征常用于物体识别，纹理特征在场景分析中扮演着重要角色。提取出的特征量需要经过优化，以确保在分类和识别过程中实现最佳效果。过多或无关的特征可能会导致计算效率下降，因此在特征选择过程中需评估特征之间的相关性及其对最终结果的影响。

数字图像特征的提取不是单一的过程，还需要结合上下文信息以及图像内容的特性，制定合适的特征提取策略。随着计算机视觉技术的不断发展，特征提取技术也在不断创新和演进，逐渐向更深层次的特征表示和学习方法发展。这一领域的发展将进一步提升图像处理技术的性能，为更复杂的应用场景提供有效的解决方案。

（一）数字图像特征的特点

数字图像特征具有一系列显著的特点，这些特点为其在图像处理和计算机视觉领域的广泛应用提供了基础。

第一，图像特征应具备较强的表征能力，能够准确展现图像中物体的特征和属性。这种表征能力能够有效区分不同物体，从而降低后续分类算法的复杂性。在特征提取过程中，突出图像的差异性至关重要。理想的特征应在相同类型的图像样本中保持较小的特征差异，而在不同样本之间应尽量增大特征差异，以便分类和识别任务的顺利进行。

第二，数字图像特征应具备良好的抗模式畸变能力，包括对图像的缩放、平移、旋转和仿射变换的不变性。这一特性确保在经过一系列图像处理操作后，提取的特征向量依然能够实现精确的匹配，从而增强特征的稳定性和可靠性。图像特征的这一特性尤为重要，因为现实世界中的图像往往会经历各种形式的变换，若具备不变性的特征将能够在多种情境下保持一致性。

第三，数字图像特征应建立在图像的整体性上，特征向量的分布应遵循均匀原则，避免将信息集中于某一局部区域。这一特性有助于全面捕捉图像的各种特征，确保所提取的信息充分反映图像的整体结构和内容。同时，特征向量应当能够排除多余信息，保持各个特征之间的独立性，避免因特征之间的相互关联而导致数据冗余。例如，当特征值反映同一对象的相同属性时，不应同时应用相同的特征值，以减少计算复杂性。

第四，数字图像特征应兼顾特殊性与一般性要求，能够满足分类需求的指标。其提取算法需具备较强的适应性，能够适应多种类型图像特征的提取。此外，图像特征提取过程应尽量高效，以减少计算时间，从而提高识别速度。这些特点不仅提升了数字图像特征在各类应用中的有效性，还推动了相关技术的进一步发展。

（二）数字图像特征的类型

数字图像特征依据其表达的语义层级、视觉效果、变换系数及表达范围等多个维度，可以被划分为多种类型。

首先，从语义表达的层级来看，图像特征可分为高层语义特征和底层语义特征。高层语义特征通常具有不变性，能够反映图像内容的深层次语义，表现为对图像抽象化的描述，适用于复杂的图像内容理解。底层语义特征则主要涵盖全局特征，包含纹理、颜色、空间关系及形状等基本属性，这些特征为图像的初步分析提供了基础。

其次，基于视觉效果的不同，数字图像特征可以进一步细分为纹理特征、点线面特征和颜色特征等。每种特征通过不同的视觉效果反映了图像中的关键信息。

再次，从变换系数的角度出发，图像特征可分为小波变换、傅里叶变换及离散余弦变换等。这些变换技术为特征提取提供了多样化的数学工具，以适应不同图像处理的需求。在统计特征方面，图像特征又可细分为均值、灰度直方

21

图、矩特征及熵特征等，这些统计方法为量化和分析图像数据提供了可靠的手段。

最后，图像特征还可依据表达范围的不同，划分为局部特征和全局特征。局部特征主要代表目标区域内的信息，关注特定范围内的关键点提取，能够精确反映该局部区域的特性。相比之下，全局特征则覆盖整个图像区域，反映整体特征信息。这两者之间的差异使得局部特征在图像识别和分类中显示出更强的针对性与显著性。局部特征通常利用较少的描述子数量进行分类，因此在处理复杂的自然图像时，底层全局特征的使用更为广泛，在近年来发展起来的深度学习图像识别技术中更是如此。

二、数字图像特征的提取方法

（一）深层特征提取

数字图像深层特征提取是当前计算机视觉领域的一项核心技术，其重要性主要体现为对图像信息的深度解析和多层次特征的高效抽象能力。深层特征的提取过程通常依赖于深度学习算法，这一方法以其强大的特征表达能力，在众多应用中展现出显著的效果。深层特征提取的有效性体现在以下方面：

第一，从认知科学的角度来看，深层特征提取的过程与人类的认知过程有相似之处。深度学习模型通常模拟哺乳动物的大脑结构，通过分层处理信息，以提取不同层次的特征。这样的层次化设计使得模型能够逐步整合简单的底层特征，形成更复杂、更具表达能力的深层特征。这一过程不仅反映了信息的逐步抽象，还与人类在理解和分析视觉信息时所经历的认知阶段高度一致。

第二，深层特征提取在网络表达能力上具有显著优势。浅层网络在处理高维复杂数据时，常常难以捕捉到数据间深层次的非线性关系，导致表达能力受限；深层网络通过增加层数，能够更充分地表达高维函数，捕捉复杂的特征关系，从而提高了模型对图像的理解和分析能力。

第三，在计算复杂性方面，深层结构的设计能够有效降低特定函数的计算规模。深度网络在处理高维数据时，能够通过层间传递特征，减少对计算资源的需求。这种特性使得深层特征提取在实际应用中，既能保证准确性，又能提升处理效率，为大规模数据的实时分析提供了可能。

第四，从信息共享的角度分析，深层特征提取能够获取多重水平的特征信息。这种信息的多样性和冗余性使得在相似的任务中，深层特征可以被有效利用。通过这种方式，深度学习不仅优化了特征提取的过程，还能在多种任务中实现高效的数据利用，增强了模型的泛化能力。

第五，深度学习模型的有效性在于其对大数据的依赖与适应性。深度学习算法通过大量的数据驱动，使得模型的拟合程度精确提升，从而在图像深层特征的提取中获得更高的可靠性和准确性。这种数据驱动的特性使得深层特征提取不仅能够提升单一任务的性能，还能够促进跨任务的知识共享与迁移。

（二）深度学习特征提取

数字图像深度学习特征提取是近年来计算机视觉领域的重要发展方向，尤其以卷积神经网络（CNN）为核心，展现了其在图像分析和理解中的强大潜力。深度学习特征提取的关键在于其多层次的结构设计，允许网络通过自动化的方式逐层提取和学习图像的深层特征。这一过程能够极大地提高图像特征的表达能力与抽象层次，从而满足复杂视觉任务的需求。

卷积神经网络的局部连接性是其特征提取能力的根本所在。局部连接性意味着网络能够专注于图像中的局部区域，依据空间邻近性原则，优先处理距离较近的像素。这种设计有效增强了网络对细节信息的敏感性，使得在图像特征的学习过程中，局部区域的特征得以充分发挥，进而提升整体特征的表达质量。此外，局部连接性还促进了特征提取过程中的平移不变性，增强了模型对图像变换的鲁棒性。权值共享性是卷积神经网络的显著特征。通过在不同区域共享相同的卷积和权重，网络可以有效地减少模型参数的数量，从而提高计算效率并降低过拟合的风险。权值共享机制确保了相同的特征在图像不同部分的提取能力，使网络能够更高效地捕捉到图像的全局特征。这种特性使得深度学习模型在处理具有相似特征的图像时，能够表现出优越的性能。

卷积核的设计与应用是深度学习特征提取的关键因素。不同的卷积核在处理图像时，可以提取出各具特征的信息。通过将不同的卷积核组合在一起，网络能够在多个层次上学习并整合各种特征，如边缘、纹理、形状等，从而形成丰富的高层特征。这种分层特征提取机制不仅增强了图像分析的深度与广度，还提升了特征之间的关联性，为后续的分类和识别任务提供了强有力的支持。

　　在数字图像深度学习特征提取的过程中，网络通过多层的卷积、池化和非线性激活函数逐步提炼特征，实现了对图像的深度理解。这样的处理流程结合了底层语义特征与高层语义特征的优势，使得网络能够有效应对复杂的视觉任务，提高图像识别与分类的精度。

第二章
深度学习核心理论

第一节　神经网络的理论架构

一、神经元与神经网络

神经网络是一类模仿生物神经系统信息处理的数学模型或计算模型，广泛应用于人工智能、机器学习等领域。神经网络由大量相互连接的简单计算单元——神经元组成。这些神经元通过复杂的连接模式形成多层结构，能够从大量数据中进行学习、识别模式，最终用于解决分类、回归等复杂问题。

（一）神经元的基本构成

在神经网络中，神经元是最基本的功能单元，类似于生物大脑中的神经细胞。每个神经元接收来自前一层神经元的输入，通过某种形式的计算，将结果传递给下一层的神经元。一个典型的人工神经元可以用一个简单的数学模型来表示，主要包含以下四个部分。

1. 输入

神经元输入的是从前一层神经元传递过来的信号，这些信号构成了神经元处理信息的基础。输入通常表示为一个向量，向量中的每个元素代表一个输入信号。例如，在图像处理任务中，每个像素的灰度值可以作为输入信号，而在语音处理任务中，每个时间片段的声音强度可以作为输入信号。

每个输入信号并不是直接使用的，而是要与对应的权重相乘。权重是神经网络的关键参数，决定了每个输入信号的重要性。例如，在一个图像分类任务中，某些像素的灰度值可能对结果更为重要，因此与这些像素对应的权重较大，而其他像素可能不太重要，对应的权重就较小。权重的设置不是固定的，而是在神经网络的训练过程中通过优化算法不断调整的。通常使用随机初始化的权重作为训练的起点，经过反复的前向传播和反向传播，逐步优化权重的值，直到权重能够使网络的输出尽可能接近目标值。

权重的调整遵循某种损失函数（如均方误差、交叉熵损失等）的最小化原则。换言之，权重决定了输入信号在网络中的贡献和影响，因此，权重的调整直接关系到整个网络的学习和预测能力。

2. 加权求和

在神经元接收到输入信号并将其与相应的权重相乘后，接下来就是对这些加权信号进行求和的过程。加权求和的过程在神经网络中非常重要，因为它是对所有输入信号的初步处理，反映了输入信号在当前神经元中的综合影响。如果没有这个过程，神经网络就无法整合多个输入信号的信息，只能处理单一的输入。

在生物神经元中，加权求和类似于生物神经元接收到多个突触输入信号后，在神经元体内进行累加的过程。生物神经元会根据这些累加结果决定是否发出神经冲动，人工神经网络的加权求和也是对多个输入信号的模拟处理，为后续的激活函数提供了必要的计算基础。

3. 激活函数

在加权求和的基础上，神经元通过激活函数对结果进行处理。激活函数决定了神经元是否"激活"，即是否将信号传递给下一层神经元。激活函数的选择直接影响网络的性能和学习效果。不同的任务可能需要使用不同的激活函数来优化网络的表现。激活函数是整个神经网络中非线性处理的关键，它决定了每一层神经元的输出形态，也为网络的多样性和复杂性提供了可能。常见的激活函数包括 Sigmoid 函数（S 型生长曲线）、ReLU 函数（线性整流函数）等，这些函数引入了非线性特性，使得神经网络能够处理复杂的非线性问题。

4. 输出

在神经元经过激活函数处理后，最终生成的结果将作为输出传递到下一层神经元。这一过程通常被称为前向传播，即信号从输入层经过隐藏层，最终传递到输出层。在输出层，神经网络会根据任务的类型给出相应的预测结果。在分类问题中，输出层通常使用 Softmax 函数将结果转换为概率分布，表示各类的可能性。在回归问题中，输出层可能直接给出一个数值作为预测结果。无论是何种类型的任务，输出层的设计都需要根据具体应用场景进行调整，以确保网络的输出能够与任务需求相匹配。

（二）神经网络的层次结构

神经网络作为一种模拟人脑工作原理的计算模型，其层次结构对其功能和表现能力有着决定性的影响。神经网络的层次通常由输入层、隐藏层和输出层组成，不同层次之间通过大量的神经元连接，协同处理复杂的数据。在这种分层结构中，每一层都发挥着特定的作用，共同决定了整个神经网络的计算复杂性和表达能力。

1. 输入层

输入层是神经网络的起点，它直接接收从外部传入的原始数据。这些数据可能来自图像、文本、音频或其他形式的输入，因此，输入层的神经元数量直接与数据的特征数相关。例如，在图像识别任务中，输入层的每个神经元可能对应一个像素点，假设输入的是一张 28×28 像素的灰度图像，则输入层将包含 784 个神经元。这一层的作用是为后续层提供处理数据的基础，但输入层本身并不执行复杂的计算，它的神经元只是简单地将接收到的数值传递给隐藏层。在输入层的设计中，特征数的选择至关重要，因为这直接影响网络的规模和后续计算的复杂度。过多的特征可能导致维度灾难，使得神经网络难以有效学习，而过少的特征可能不足以捕捉数据的全部信息。因此，在实际应用中，通常需要进行数据预处理，选取合适的特征维度，以确保输入层的神经元数量既能充分表达数据特性，又不会引起冗余计算。

2. 隐藏层

隐藏层是神经网络中最具核心作用的部分，位于输入层和输出层之间，负责对输入数据进行特征提取和模式识别。隐藏层可以包含一个或多个子层，每个子层由若干个神经元构成，这些神经元通过权重和偏差参数进行学习，逐步捕捉输入数据中的复杂关系。随着数据在隐藏层中的传递，网络能够通过一系列非线性变换，将输入数据映射为更加抽象的特征。

隐藏层的数量以及每层神经元的数量是神经网络设计中的关键参数，通常称为网络的深度和宽度。浅层网络（隐藏层数量较少的网络）在解决简单问题时表现良好,但在处理复杂任务时,其可能无法充分学习数据的高阶特征;深层网络(具有多个隐藏层的网络)能够通过多层非线性映射,更有效地捕捉数据的复杂特性,从而提升网络的表达能力。这也是深度学习的基本理念之一。

在隐藏层中,每个神经元都会接收到前一层输出的加权求和值,并通过激活函数进行处理。激活函数的选择直接影响神经元的输出特性,激活函数的非线性特性使神经网络能够拟合复杂的非线性问题,而不同的激活函数具有不同的适用场景。

3. 输出层

输出层是神经网络的最后一层,它根据隐藏层提取的特征进行最终的计算并输出结果。输出层的神经元数量和激活函数的选择与任务类型直接相关。在不同的任务中,输出层承担着不同的功能,因此其设计需要根据具体需求灵活调整。

对于分类任务,输出层的神经元数量通常与类别数相同,每个神经元对应一个类别的概率。例如,在手写数字识别任务中,如果有 10 个类别(数字 0~9),输出层将包含 10 个神经元。为了将输出结果转化为概率分布,通常使用 Softmax 激活函数。Softmax 函数能够将任意实数值转换为概率值,使得输出的总和为 1,从而方便判断分类结果。每个神经元的输出代表输入样本属于对应类别的概率,网络根据最大概率值确定最终分类。

在回归任务中,输出层通常只有一个神经元,用于输出一个连续的数值。此时,常用的激活函数是线性激活函数,它允许输出层的神经元生成任意实数值,以适应回归问题的特点。此外,对于一些需要预测多个连续值的任务(如多任务学习),输出层也可以包含多个神经元,每个神经元输出一个连续值。

输出层的设计需要考虑任务的实际需求和网络的复杂性。为了提高神经网络的表现力,输出层常与损失函数结合使用。对于分类任务,常用的损失函数是交叉熵损失,它能够衡量预测概率与实际标签之间的差异;对于回归任务,通常使用均方误差作为损失函数来衡量预测值与真实值之间的偏差。损失函数的设计直接影响网络的优化目标,因此合理选择损失函数对神经网络的学习效果至关重要。

(三)前向传播与反向传播

神经网络的学习过程主要依赖于前向传播和反向传播这两个核心机制。

第一，前向传播。前向传播作为信号处理的初始阶段，将输入数据从输入层逐层传递至输出层。此过程涉及每一层神经元对输入信号的加权求和及激活函数的运算，旨在通过神经网络的层次化结构实现从输入到输出的有效映射。通过这种方式，神经网络能够从原始数据中提取特征，并通过激活函数引入非线性因素，从而增强模型对复杂模式的学习能力。前向传播的成功与否直接影响到神经网络的性能。在此过程中，各层神经元的输出不仅依赖于输入信号，还受制于网络中各层的权重和偏差。合理的权重配置与适当的激活函数选择将显著提升网络对数据特征的识别能力。因此，前向传播不仅是数据流动的简单过程，更是特征提取与信息整合的关键环节，为网络的后续学习打下了基础。

第二，反向传播。反向传播作为网络学习的核心步骤，致力于优化模型的预测准确性。通过计算损失函数所得到的误差，反向传播算法将误差信号从输出层向各个隐藏层逐层传递。此过程不仅涉及误差的传递，还包括对网络中权重和偏差的调整。利用梯度下降法，反向传播能够通过误差的梯度信息，识别出对最终输出影响最大的权重，进而进行有针对性的更新。反向传播的效率直接关系到网络收敛的速度及最终性能。通过多次迭代，神经网络能够逐渐减小预测误差，使模型达到最佳状态。该过程在数学上可以被形式化为链式法则的应用，使各层的权重调整既科学又有效。反向传播不仅增强了神经网络的学习能力，更推动了深度学习技术的广泛应用。

（四）神经网络的训练与优化

训练神经网络的过程实际上是优化模型参数（权重和偏差），以最小化预测误差。整个训练过程可以分为以下步骤。

1. 数据集的准备

神经网络的训练离不开高质量的数据集。数据集的准备是整个训练过程的基础，也是模型能否准确学习的关键因素之一。一个数据集通常分为三个部分：训练集、验证集和测试集。

（1）训练集。训练集是神经网络用来学习的主要数据。通过对训练集的反复学习，神经网络能够逐步调整内部的参数，使其更好地处理所给定的任务。

（2）验证集。在训练过程中，模型会在验证集上进行测试，以评估当前模型的泛化能力。通过验证集的反馈，模型可以避免拟合问题，即过度适应训练数据而在新数据上表现不佳。

（3）测试集。测试集是最终评估模型性能的依据。测试集通常在训练完成后用于衡量模型在未知数据上的表现，以确保模型具备良好的推广能力。

2. 选择优化算法

优化算法是神经网络训练的核心，其决定了模型如何根据损失函数的反馈调整权重和偏差。不同的优化算法适用于不同类型的任务和网络结构，因此选择一个合适的优化算法尤为重要。

（1）梯度下降法。梯度下降法是一种基本的优化方法，通过计算损失函数对每个参数的导数来调整参数，使损失函数值朝着最小化的方向变化。传统的梯度下降方法适用于小规模数据集，但由于每次更新都需要使用整个数据集，因此计算开销较大。

（2）随机梯度下降法（SGD）。为了减少梯度下降的计算成本，SGD 在每次参数更新时只使用一部分样本，显著提高了计算速度。尽管这种方法引入了一定的噪声，但它能加速训练并有助于模型跳出局部最优解。

（3）自适应矩估计（Adam）。Adam 是目前广泛使用的一种优化算法，它结合了动量法和自适应学习率策略，能够动态调整学习率以适应不同参数的变化。这使得 Adam 在许多任务中表现优异，尤其是在处理复杂的神经网络结构时。

3. 迭代训练

神经网络的迭代训练过程是其核心运作机制之一。在这一过程中，网络通过不断优化参数，逐步提升其性能和预测能力。每一次迭代，网络都会执行前向传播，以当前参数生成预测值，并通过计算损失函数来评估预测结果的准确性。反向传播则是通过损失函数的梯度，调整网络中的各层权重和偏置，旨在使损失函数逐步减小。参数的更新基于梯度下降等优化算法，在每次迭代后重新计算调整后的权重，逐步逼近最优解。在迭代的过程中，神经网络从数据中不断学习和调整，体现出其高度的灵活性和适应性。通过这一系列迭代操作，网络的泛化能力逐渐提升，能够对未见过的数据做出更加准确的预测。当损失函数趋于稳定，或训练达到预定的终止条件时，迭代训练完成，模型达到较为理想的状态。这一过程确保了神经网络在实际应用中的高效性和可靠性。

（五）神经网络的应用

神经网络技术在多个领域展现了其显著的应用价值，极大地推动了现代技术的发展进程。神经网络通过其强大的数据处理能力，从大量数据中学习特征，完成高度复杂的任务。这种基于多层结构的网络模型，在处理非线性和多维数据方面显示出独特的优势，为诸多行业的自动化和智能化提供了基础。

1. 图像识别

在图像识别领域，神经网络的应用推动了技术的革新，特别是在卷积神经网络的引领下，图像信息的处理与解析达到了新的高度。通过多层次的卷积操作，神经网络能够有效捕捉图像中的空间结构和局部特征，这一过程使得从原始像素到抽象特征的转变更加高效。此类网络结构在各类图像识别任务中展现出卓越的性能，能够自动提取重要的视觉信息，从而实现准确的分类和检测。

图像识别的成功在于其特征提取的深度与广度，神经网络通过多层卷积与激活函数的组合，不断增强特征的表达能力。该机制不仅能应对传统图像处理方法难以处理的复杂场景，还能适应不同领域的需求。随着数据集规模的扩大和计算能力的提升，模型能够在更为丰富的图像数据上进行训练，形成更为准确的识别体系。这一过程的关键在于，网络能够通过反向传播算法不断调整权重，使得特征学习的过程高度自适应，并且持续优化。

在实际应用中，神经网络的优势体现为其对数据的敏感性和灵活性。对于复杂背景下的目标检测，神经网络能够通过端到端的学习过程，有效降低假阳性率，并提升检测的精度。无论是在静态图像还是动态视频中，模型均能够实时识别和分类目标，满足了不同应用场景的需求。此外，神经网络的可迁移性也为其应用的拓展提供了基础，经过适当的微调，模型可以迅速适应新的任务。

随着图像识别技术的不断发展，算法的透明性和可解释性成为研究的一个重要方向。在众多应用场景中，理解模型如何做出决策，将有助于提高其可靠性与安全性。因此，研究人员正在致力于开发更具解释性的模型，使得在复杂决策场景中，用户能够理解识别结果的依据，从而增强信任感与可用性。图像识别技术的进步不仅依赖于神经网络在特征提取上的卓越表现，更是多学科交叉和算法创新的结果。随着计算能力的不断提升与大数据时代的到来，图像识别将在医疗、安防、自动驾驶等众多领域发挥更加重要的作用，推动社会各领域的智能化进程。

2. 自然语言处理

自然语言处理作为人工智能领域的重要分支，正在不断推进计算机对人类语言的理解与生成。通过深度学习算法，尤其是神经网络的应用，NLP（自然语言处理）展现出强大的数据处理能力，特别是在非结构化文本数据的分析方面。近年来，变换器模型等新型神经网络架构的出现极大地提升了处理文本的效率和准确性。变换器架构通过自注意力机制，能够在处理文本时同时关注输入序列的各个部分，进而捕捉到更为复杂的语义关系。这一机制的引入使得模型在处理语言特征时，不再依赖于顺序信息的线性处理，而是能够并行计算，从而提高了计算效率。变换器模型的多头自注意力机制能够学习到多种不同的语言上下文关系，使其在复杂语言现象的捕捉上更具灵活性与适应性。这一特性尤其适用于机器翻译、文本生成及问答系统等任务，使计算机能够在不同上下文中输出更为精准和自然的语言。

深度学习在自然语言处理中所带来的预训练技术为模型性能的提升提供了新的视角。通过大规模的无监督学习，预训练模型能够在海量文本数据中学习到丰富的语言表示，这种表示不仅包含了词汇的语义信息，还能够捕捉到语言的语法结构和上下文语境。这一过程有效地缩短了在特定任务上所需的训练时间，并提升了任务的效果，使得自然语言处理的应用场景更加广泛。

神经网络在自然语言处理领域的应用不仅包括文本生成和理解，还涉及对情感和语义的深层分析。通过构建基于深度学习的情感分析模型，计算机能够识别出文本中潜在的情感倾向，进而用于市场分析、社会媒体监测等多个领域。这种智能化的分析能力为相关行业提供了精准的数据支持，帮助决策者更好地理解用户需求与市场动态。

随着自然语言处理技术的不断进步，跨语言和跨文化的应用逐渐成为可能。基于深度学习的多语言模型能够实现不同语言间的有效翻译和对比，推动了全球化的交流与合作。这种技术的突破不仅加深了各国之间的文化理解，而且为商业和学术的合作提供了更为坚实的基础。

深度学习与自然语言处理的结合推动了计算机在理解和生成自然语言方面的不断突破。这种进步不仅为各行各业的智能化转型提供了强大动力，而且为人机交互的未来发展奠定了基础。随着技术的持续演进，自然语言处理在各个领域的应用潜力将越发显现，为构建更加智能化的社会提供新的可能性。

3. 语音识别

语音识别技术的核心在于其对自然语言的处理能力，尤其是在动态和复杂的声音环境中。通过利用深度学习算法，语音识别系统能够有效地捕捉和理解音频信号中的多种特征，这得益于神经网络的非线性建模能力。该模型能够通过分析大量的语音数据自我优化，从而实现高效的声学特征提取和识别。这一过程不仅提升了系统对不同语音输入的响应能力，还增强了其在各种噪声环境下的鲁棒性。

在语音识别的过程中，神经网络的多层结构允许从低层次的声波特征中提取出高层次的语音信息。每一层网络都能够学习到不同层面的特征，从而在声学模型中形成更为丰富的语义表示。这种结构化的特征提取过程使得模型能够有效处理语音信号中的变异性，包括不同的发音方式、语速和方言等。这种对语音信号深层次理解的能力使语音识别技术在多种应用场景中得以广泛应用。通过端到端的学习方法，语音识别系统能够实现从原始语音信号到文本的直接映射。这一创新性的发展极大地简化了传统语音识别系统中所需的人工特征工程步骤，提升了整体效率。这种直接的映射方式使得系统的训练与测试流程更加流畅，进而显著提升了识别的准确性。这种精简化的流程不仅加速了技术的迭代，还为用户提供了更为便捷的交互体验。

随着数据量的不断增加，深度学习模型在语音识别中的表现越发优秀。训练过程中大量语音样本的引入使模型能够捕捉到更多的语言特征，进一步提升了其泛化能力。对语音识别技术而言，训练数据的多样性和丰富性直接影响到其最终的识别效果。因此，持续优化数据集和训练算法是推动语音识别技术进步的关键因素。

语音识别的未来前景广阔，随着技术的不断成熟，其应用领域正在不断扩展。从智能助手到客户服务系统，语音识别技术正逐渐融入人们的日常生活，提升了人机交互的便捷性和智能化水平。这种进步不仅为商业领域带来了创新的机会，还为教育、医疗等行业的发展提供了新的解决方案。在信息获取与处理日益依赖语音交互的时代，语音识别技术的不断演进将继续推动社会的智能化转型。

二、深度神经网络的概念与分类

深度神经网络作为现代人工智能技术的重要组成部分，已经成为众多智能应用的基础，其强大的数据处理和特征提取能力使其在多个领域得到了广泛应用。

（一）深度神经网络的概念

深度神经网络是一种具有多层结构的人工神经网络，其本质是由多个非线性层次构成的复杂系统。这一系统借鉴了人类大脑对感知和认知信息的处理方式，通过层层递进的模式识别与数据处理，最终实现对输入数据的高效分析。深度神经网络的每一层都代表着从简单到复杂的特征转换过程，网络深度的增加意味着特征提取的复杂性也随之提升，从而增强了模型对数据模式的捕捉能力。

深度神经网络的核心是层叠的单层非线性网络，每一层都执行特定的功能，旨在将输入数据转化为更加抽象和概括的特征表示。这些单层网络通常被分为三类：只包含编码器、只包含解码器、既包含编码器又包含解码器。编码器的任务是将输入数据映射到一个隐含特征空间，通过逐步提取特征来实现从具体到抽象的转换。解码器则承担了将隐含特征重新映射到输入空间的任务，目的是生成尽可能接近原始输入的数据。编码器和解码器的配合使得深度神经网络能够完成复杂的特征提取与数据重建过程。

人类大脑对视觉信息的处理通常是按照分级处理的方式进行的。低级信息包括边缘、形状等基础特征，经过神经系统的多层次处理，逐渐形成对物体的行为、动作等高级特征的理解。这一分层处理机制不仅提高了信息的处理效率，还使大脑能够对复杂的视觉场景进行抽象理解。深度神经网络的多层结构设计正是借鉴了这一生物学机制，通过多个隐含层的协同工作，逐步提取数据中的层次化特征，从而实现对输入数据的多维度解析。

在实际应用中，深度神经网络的非线性特征使其能够处理大量具有高度复杂性和非结构化的数据，如图像、音频和文本数据等。这一技术不仅能够对输入数据进行有效的特征提取，还能够在大量数据中识别潜在的模式与结构，从而大幅提高模型的预测和分类能力。

（二）深度神经网络的分类

1. 前馈深度网络

前馈深度网络也称为前馈神经网络，是一种较为基础且广泛应用的神经网络结构。其核心特征在于信息的流动方式，即数据从输入层经过一个或多个隐含层，最终传递至输出层，整个过程没有任何回环或反馈。这种单向流动的设计使得前馈网络在计算和实现上较为简单，同时具有良好的收敛特性，在模式识别和分类任务中表现突出。作为人工神经网络的早期模型之一，前馈深度网络奠定了后续深度学习算法发展的基础。

前馈深度网络由多个编码器层叠加而成，这些编码器层的主要任务是将输入数据逐层转化为更加抽象的特征表示。随着隐含层数量的增加，网络的深度也随之增加，因而具备更强的学习和表达能力。前馈深度网络的典型结构包括多层感知机和卷积神经网络等，它们在各类任务中的表现得到了广泛验证。感知机作为最基础的单层前馈深度网络，最初只能解决简单的线性可分问题。

前馈深度网络是深度学习领域的重要组成部分，其简洁的结构和有效的训练机制使其在处理大量复杂数据时表现出色。随着计算能力的提升和算法的改进，前馈深度网络在图像识别、自然语言处理、语音识别等多个领域取得了显著进展，展示了其在人工智能应用中的广阔前景。

2. 反馈深度网络

反馈深度网络是一种与前馈深度网络不同的神经网络结构，其主要特点在于信息流动的方向和处理机制。反馈深度网络由多个解码器层叠加而成，典型结构包括反卷积网络和层次稀疏编码网络。这一网络的设计理念在于通过对输入信号的解码，来恢复或重建数据的原始特征。这与前馈深度网络的编码机制相对立，前者侧重于对输入信号的逐层编码和抽象，后者聚焦于信号的解码与复原。

在反馈深度网络中，反卷积网络的应用尤为典型。反卷积网络通过解卷积操作对图像等输入数据进行反向处理，逐层恢复原始输入的特征。其工作原理与卷积神经网络在结构上相似，但在实现方法上有所不同。反卷积网络的核心在于通过逆向运算将输入信号进行还原，强调从高维特征到低维输入的映射过程。这种逆向处理使得反卷积网络在信号重建、图像去噪和超分辨率等任务中展现出显著优势。

层次稀疏编码网络在结构和功能上与反卷积网络类似，两者的不同点在于处理方式。层次稀疏编码通过矩阵乘积的形式来实现对输入信号的分解，注重将输入信号的特征进行稀疏化处理。这种稀疏化的处理方式旨在通过较少的特征表示，达到对输入信号的有效复原。稀疏编码的理论基础在于生物学中的神经系统，其模拟了人类大脑对信息处理的简化和抽象过程。通过稀疏化特征表示，层次稀疏编码网络能够在保留重要信息的同时，减少冗余特征，从而实现更高效的数据重建和处理。

反馈深度网络不仅是对前馈深度网络的补充，它还提供了一种新的视角来理解和处理数据。通过解码和复原输入信号的过程，反馈网络在数据重建、特征复原等任务中发挥了重要作用。这一网络结构进一步拓展了神经网络在图像处理、模式识别等领域的应用潜力，同时为人工智能技术的发展提供了新的思路和路径。

3. 双向深度网络

双向深度网络是一种将多个编码器层和解码器层组合形成的复杂神经网络结构。这种网络结合了前馈深度网络和反馈深度网络的特性，通过编码和解码过程的相互作用实现了数据的处理与表示。其网络架构中的每一层可能是单独的编码或解码过程，也可能同时包含编码和解码功能。典型的双向深度网络包括深度玻尔兹曼机和栈式自编码器。这些网络通过多层结构的设计，能够在更高层次上捕捉输入数据的复杂模式与特征。

双向深度网络的学习过程融合了前馈和反馈网络的训练机制，通常由单层网络的预训练和逐层反向迭代误差修正两个阶段组成。在预训练阶段，网络采用贪心算法进行层级训练，逐层优化编码与解码的过程。具体来说，输入信号与权值矩阵相乘，生成的输出信号传递至下一层，该信号再与相同的权值矩阵计算，以生成重构信号。此重构信号映射输入层，通过逐步缩小输入信号与重构信号之间的误差，达到对每一层的训练目标。这一过程实际上是对输入数据进行编码和解码的逐步优化，旨在提高网络对数据的表示能力。

在预训练完成后，双向深度网络会进入第二个阶段，即通过反向迭代误差来调整整个网络的权值分布。这个过程类似于前馈深度网络的训练模式，通过反向传播算法逐层传递误差，并对权值进行微调。反向迭代误差的作用在于通过逐层修正误差，使整个网络的输出更加准确，从而提升网络整体的学习性能。这一训练机制的设计保证了网络在面对复杂、高维度数据时，能够通过多层次的编码和解码过程，精确地捕捉输入信号中的潜在模式和特征。

双向深度网络的优势在于其结合了编码和解码的双向特性，使网络不仅能够高效地进行输入信号的特征提取，还能够通过解码过程重建原始信号。这种双向互动的机制使得双向深度网络在数据压缩、特征学习、信号重建等任务中展现出独特的优势，尤其在面对高维复杂数据时，能够有效提升模型的表现力与泛化能力。

三、自动编码器与玻尔兹曼机

（一）自动编码器

自动编码器是深度学习领域一种结构简单且应用广泛的无监督特征提取算法[①]。自动编码器在特征学习、降维、数据压缩等任务中展现出了强大的潜力。其核心思想是通过神经网络学习到一种紧凑的低维表示，将输入数据映射为一种压缩形式，并通过重构过程将其恢复为原始数据。这一过程不仅能够有效提取数据中的重要特征，还能够减少数据的冗余信息，为后续的数据分析、分类或回归等任务提供简化的输入。

自动编码器的主要目标是使输入数据和重构数据之间的差异最小化，换言之，网络通过调整权重和偏置，尽可能地使输出层的结果与输入层的输入数据一致。这个过程分为两个主要阶段：编码和解码。编码过程是将高维输入数据通过隐藏层映射为低维表示，隐藏层的节点数通常少于输入层节点，从而实现降维效果；解码过程是通过从隐藏层开始，利用与编码相同的参数结构，将低维表示重新映射到原始数据空间。

自动编码器与传统的降维方法（如主成分分析）不同，后者通常假设数据的线性关系，而自动编码器由于其非线性网络结构，能够捕捉到数据的更复杂的非线性关系。因此，自动编码器能够比线性降维方法更好地适应复杂数据，并生成更加有效的特征表示。自动编码器广泛应用于图像、语音等高维数据处理领域，能在有效减少维度的同时，保持数据的主要信息特征。

自动编码器的训练过程依赖于某种形式的损失函数，通常为重构误差（如均方误差），即输入数据和输出数据之间的差异。通过反向传播算法，网络的参数在每次迭代中进行更新，以最小化损失函数，从而逐步提高网络对数据的表示能力。

稀疏自动编码器是一种特殊形式的自动编码器，旨在通过稀疏性约束来提升特征学习的效果。稀疏性是指在网络的隐藏层中，尽管节点数量可能较多，但只有少量节点在特定输入下会被激活。这种机制模拟了人脑神经元的工作方

---

① 孙宇，魏本征，刘川，等.融减自动编码器［J］.计算机科学与探索，2021，15（8）：1526.

式，即在处理复杂任务时，只有一部分神经元被激活，而大多数保持静默状态。在引入稀疏性限制后，网络能够学习到更加抽象且有意义的特征，并在高维数据的表示中表现出更强的泛化能力。

稀疏自动编码器的优化过程涉及在损失函数中加入稀疏性正则项，通常通过限制隐藏层的激活平均值来实现。这一过程会抑制隐藏层中神经元的过度活跃，促使网络在进行特征提取时更加集中，使提取到的信息更加精确和有效。与标准自动编码器相比，稀疏自动编码器通过这种额外的约束机制，能够在不损失原始信息的前提下，生成更加简洁和通用的低维表示。

由于其特性，稀疏自动编码器在高维数据处理中的表现尤其突出。比如，在图像识别任务中，网络能够通过稀疏编码提取到物体的关键特征，并忽略掉图像中的冗余部分。同时，稀疏性限制能够有效防止网络陷入过拟合，从而提高网络的泛化能力，特别是在训练数据有限的情况下。

（二）玻尔兹曼机

1. 受限玻尔兹曼机

受限玻尔兹曼机作为学习数据分布和提取内在特征的典型概率图模型，是深度学习领域重要的基础模型。近年来，学者通过改进受限玻尔兹曼机的模型结构和能量函数得到众多新兴模型，即受限玻尔兹曼机变体，可以进一步提升模型的特征提取性能[1]。受限玻尔兹曼机是一类具有重要应用价值的概率图模型，其本质可以被视为一种能够处理复杂数据结构的随机神经网络。该模型的结构由两层组成，即可见层与隐含层。可见层主要用于表示输入数据的观测信息，隐含层则负责从中提取潜在的特征模式。这种层次化的设计使受限玻尔兹曼机能够有效捕捉数据中的深层结构。该模型的核心特征在于其随机性。具体而言，可见层和隐含层的神经元在状态上具有随机性，状态的变化由特定的概率法则驱动。这样的随机性为受限玻尔兹曼机提供了灵活性，使其能够适应各种不同的数据分布，从而在处理复杂数据时具备更强的表达能力。这种概率性质不仅确保了模型对输入数据的鲁棒性，还使其在特征提取过程中，能够避免过于依赖特定的输入，从而提升了模型的泛化能力。

---

① 汪强龙，高晓光，吴必聪，等.受限玻尔兹曼机及其变体研究综述［J］.系统工程与电子技术，2024，46（7）：2323.

受限玻尔兹曼机中的可见层和隐含层之间的全连接进一步增强了该模型的表达能力。在这种结构下，每个可见层节点都能够与每个隐含层节点进行信息交换，保证了信息在各层之间的充分传播。正因为这种全连接的特性，受限玻尔兹曼机可以在有限的层数中实现对输入数据的高度概括与抽象。这不仅使模型能够从数据中提取出更为丰富的特征，还为后续的分类或回归任务提供了坚实的基础。

此外，受限玻尔兹曼机的隐含层在特征提取过程中，具备了对输入数据进行高效压缩的能力。通过隐含层的处理，原始数据的复杂性得以降低，而其核心特征得以保留。这一过程不仅有助于提高后续学习算法的效率，还能够有效防止冗余信息对模型性能的影响。因此，受限玻尔兹曼机能够在保持高效学习的同时，确保数据特征的完整性与准确性。

2. 深度玻尔兹曼机

深度玻尔兹曼机是一种基于受限玻尔兹曼机扩展而成的深度神经网络模型，具有多层结构，且各层节点之间的双向连接赋予了它强大的表达能力和适应性。该模型通过将多个受限玻尔兹曼机逐层叠加，形成了复杂的网络结构，增强了模型对数据特征的提取能力。深度玻尔兹曼机的训练过程通常分为两个阶段：预训练阶段和微调阶段，这两个阶段的协同作用能够有效提升网络的性能。

（1）预训练阶段。在预训练阶段，深度玻尔兹曼机通过无监督的逐层训练方式来优化各层网络的参数。具体而言，首先通过贪心策略逐层训练每个受限玻尔兹曼机的参数，使模型能够自下而上逐步学习输入数据的特征。这种逐层无监督的训练方法有助于克服深度神经网络训练中的常见问题，尤其是在网络深度增加的情况下，传统的随机初始化方法往往难以找到合适的参数解，而无监督预训练能够为后续的训练奠定坚实的基础，避免陷入局部最优。

（2）微调阶段。在微调阶段，深度玻尔兹曼机通过有监督学习进一步优化网络的全局参数。在此阶段，通常采用反向传播算法对网络进行整体调整，以使模型能够更好地适应任务需求。预训练阶段提供的参数初始值为网络的全局优化提供了良好的开端，使模型能够避免随机初始化带来的局部最优问题。通过逐层训练与整体微调的结合，深度玻尔兹曼机能够更有效地处理复杂的数据结构。

深度玻尔兹曼机的这两个阶段训练策略不仅提升了模型的训练效率，还显著增强了模型的泛化能力。预训练阶段中逐层优化的无监督学习方法使网络能够在较为简化的任务中提取数据的深层特征，而微调阶段的有监督学习确保了网络能够在具体的任务目标上进行更精确的调整。这样的设计使得深度玻尔兹曼机在应对高维复杂数据时，具备了更强的适应性与表现力。

因此，深度玻尔兹曼机的多层结构和两阶段训练机制使其成为处理复杂数据集的有效工具，也为深度学习领域提供了重要的理论基础和实践指导。

第二节　深度学习的关键——BP 算法

一、BP 算法的基本原理

BP 算法（反向传播算法）是深度学习中的一个基础且关键的训练算法。它使多层前馈深度网络的训练成为可能，可以有效地计算损失函数关于网络参数的梯度。BP 算法的训练过程通常分为两个阶段：信号的正向传递和误差的反向传递。这两个过程共同构成了深度学习的核心学习机制。

（一）信号正向传递

在信号正向传递阶段，输入数据被送入网络并逐层传递直至输出层。每一层的神经元接收前一层的输出作为输入，并通过激活函数处理这些输入，产生新的输出。这个过程涉及权重矩阵和偏置向量，它们是网络的参数，决定了信号在网络中的传递方式。权重和偏置在训练开始前通常被随机初始化，而训练的目的正是通过调整这些参数来最小化网络的预测误差。

在正向传递过程中，每一层的输出可以看作对输入数据的一种特征表示。随着信号在网络中的传递，这些特征表示逐渐变得更加抽象和高级，最终在输出层形成对输入数据的预测。这一过程的数学表达涉及矩阵乘法和非线性激活函数的应用，它们共同定义了网络的计算能力。

（二）误差反向传递

一旦正向传递完成并产生了预测输出，接下来就是误差反向传递阶段。在这个阶段，损失函数（如均方误差或交叉熵损失）被用来衡量预测输出和真实标签之间的差异。损失函数的值越高，表示网络的预测误差越大。

误差反向传递的核心是利用链式法则计算损失函数关于网络参数的梯度。链式法则允许我们从输出层开始，逆向通过网络，逐层计算每个参数的梯度。这些梯度指示了如何调整参数以减少损失函数的值。通过这种方式，BP 算法能够为网络中的每个权重和偏置计算出一个梯度值。

计算得到的梯度被用来更新网络的参数。这个过程通常涉及一个称为学习率的超参数，它控制着参数更新的步长。学习率的选择对网络的训练至关重要，过高的学习率可能导致训练不稳定，过低的学习率可能导致训练过程缓慢甚至停滞。

二、BP 算法的数学基础

（一）损失函数的选择

损失函数作为评估模型预测结果与真实值之间差距的数学工具，其定义直接影响模型的训练效果和性能表现。损失函数的主要任务是量化预测结果的准确性，为模型优化提供指导。在多种学习任务中，不同类型的损失函数被设计用于满足特定的需求，从而实现更为精准的模型训练。

损失函数的选择不仅取决于具体的学习任务，还与数据的特征及其分布密切相关。对于回归任务，均方误差被广泛应用，其通过计算预测值与真实值之间的平方差来衡量模型的精确度。相对而言，分类任务更多地采用交叉熵损失，这一函数能够有效地捕捉模型输出的概率分布与真实标签之间的差异。通过对损失函数的适当选择，研究者能够引导模型在训练过程中更好地调整参数，提升最终预测的准确性。

在实际应用中，损失函数的设计也要考虑模型对异常值的敏感性及其鲁棒性。对于一些特定的应用场景，可能需要引入特定的损失函数，以确保模型在面对复杂数据时依然能保持良好的表现。此外，损失函数的计算效率及其导数的可求性也是实际应用中需考虑的重要因素。随着深度学习技术的不断发展，损失函数的形式与设计日益多样化，为实现高效、精准的模型提供了更为广泛的选择与可能性。通过持续优化损失函数的定义与选择，研究者可以不断提升模型的学习能力，推动相关领域的进步与创新。

（二）链式法则的应用

链式法则是微积分中的一个基本法则，它用于计算复合函数的导数。该法则在反向传播算法中起着至关重要的作用，尤其是在神经网络的训练过程中，链式法则能够有效地计算损失函数相对于网络中各层参数的梯度，从而指导权重的更新。

1. 链式法则的理论背景

链式法则是微积分领域的一个核心概念，其在函数复合的导数计算中具有重要的理论意义。该法则为复杂函数的微分提供了系统化的工具，使其在涉及多个变量和层次的情况下，能够有效地求解导数。链式法则可以表述为，如果一个复合函数可以被分解为两个或多个函数的组合，那么该复合函数的导数可以通过对每个组成部分的导数进行逐层计算，得到整体的导数。

在链式法则的理论框架中，关键在于认识函数之间的关系及其依赖性。在处理多层次的系统时，理解各个变量如何相互影响，以及如何通过每一层的微小变化影响最终结果是至关重要的。这种关系为后续的数学模型构建提供了基础，使其在构建复杂模型时，能够清晰地表达变量之间的相互作用。随着科学技术的不断发展，链式法则逐渐在多个领域得到应用，包括物理学、工程学、经济学及计算机科学等。它不仅能够用于分析静态系统，还能够有效地处理动态变化的过程，这使得链式法则在科学研究和实际应用中尤为重要。

在机器学习和深度学习的背景下，链式法则的理论背景尤为突出。神经网络的结构本质上是一系列函数的组合，通过层层非线性变换，最终生成模型的预测结果。链式法则为这些层之间的梯度传播提供了理论基础，确保了在反向传播算法中，梯度可以从输出层有效传递到输入层。该过程不仅提高了模型的训练效率，还保证了模型参数的精确更新。在这一过程中，每个层次的输出不仅依赖于当前层的权重和输入，还受到前一层输出的影响。链式法则可以系统地计算出损失函数对网络中各层参数的导数，从而指导权重的优化。

链式法则的深刻影响体现在其所提供的思维框架中。在数学建模、优化以及机器学习等领域，链式法则为理解复杂系统提供了工具，使研究者能够从微观层面对系统进行深入分析。这种分析不仅包括简单的函数计算，还扩展到多维空间中的各种变量关系，促进了对非线性现象的理解。通过掌握链式法则，研究者能够更好地应对高维数据和复杂模型所带来的挑战，推动科学研究的进展。

链式法则不仅是微积分中的一项基本工具，更是多领域研究和应用中的重要理论支柱。通过对这一法则的深入理解，研究者能够有效地在复杂系统中进行分析与建模，推动科学技术的不断进步。链式法则的广泛适用性和重要性使其在当今科学研究与应用中依然不可或缺。

2. 链式法则在神经网络中的应用

链式法则作为一种重要的数学工具，其基本思想是通过对复合函数求导，精确地计算出每个参数对于损失函数的贡献，从而有效地指导模型的参数更新。神经网络通常由多个层次构成，每一层的输出都作为下一层的输入，形成了一个复杂的非线性映射关系。在这种情况下，链式法则能够通过逐层反向传播梯度，使网络能够有效地学习输入与输出之间的复杂关系。

在神经网络的训练中，反向传播算法依赖链式法则来高效计算梯度。该算法的工作原理是将损失函数关于网络输出的梯度向后传播，通过链式法则，将这个梯度逐层传递到输入层。这一过程不仅能够高效地计算每一层参数的梯度，还能够大大减少计算量，即使在深层网络中也能有效地进行训练。链式法则的应用使神经网络能够在多层结构中实现局部最优解的更新，逐步逼近全局最优解，从而提高模型的整体性能。

在现代深度学习框架中，链式法则的实现通常与自动微分技术相结合。自动微分不仅可以处理复杂的神经网络结构，还可以处理动态计算图。这种结合使链式法则在训练过程中能够以更高的灵活性和效率来计算梯度。特别是在使用非线性激活函数时，链式法则确保了梯度可以在每一层平滑地传播，从而避免了梯度消失或爆炸的问题，促进了更深层网络的训练。

此外，链式法则在优化算法中也扮演着重要角色。通过精确的梯度计算，各种优化算法能够更快速地收敛到局部最优解。特别是在使用随机梯度下降等优化方法时，链式法则提供的准确梯度信息可以帮助算法在每次迭代中有效地调整学习率和参数。这对于提升模型的训练效率和预测性能具有显著意义。

在神经网络的应用领域，链式法则的优势不仅体现在理论层面，更在实际操作中得到了广泛验证。无论是在图像识别、自然语言处理领域，还是在强化学习等领域，链式法则的有效性均为各类模型提供了强有力的支持。这种数学工具通过其在神经网络中的广泛应用，推动了深度学习技术的发展，促进了智能算法的不断进步。未来，链式法则的研究和应用有望在更为复杂的网络结构与新兴的算法中持续发挥重要作用，为解决更具挑战性的问题提供基础。

3. 链式法则对模型训练的影响

链式法则为反向传播算法提供了理论基础，允许其通过自动微分计算模型参数的梯度，进而实现高效的模型优化。链式法则的运用使神经网络能够有效地处理复杂的非线性关系，提高了模型的拟合能力。

通过链式法则，训练过程中涉及的多个函数的导数可以被逐层传递。这一特性确保了误差能够从输出层向输入层反向传播，使每一层的参数能够根据梯度信息进行调整。模型在训练过程中，根据损失函数的梯度信息更新权重和偏置，优化过程以逐步减少预测误差，进而提升模型的准确性。有效的梯度计算不仅加快了收敛速度，还能使模型更好地适应数据集的特点。

在应用链式法则时，梯度消失和梯度爆炸等现象是需要特别关注的问题。特别是在深层神经网络中，随着网络层数的增加，梯度在反向传播过程中可能会急剧衰减，导致前面的层几乎无法更新。相反，如果梯度过大，则会导致权重更新不稳定，从而影响模型的训练效果。为了解决这些问题，研究者们提出了多种方法，包括但不限于使用合适的激活函数、批量归一化以及残差连接等，这些技术都旨在提高链式法则在深度学习中的应用效果，以保证训练的稳定性和收敛性。

链式法则的有效应用不仅适用于神经网络训练，还适用于各种模型的优化过程。对于支持向量机、决策树等其他机器学习模型，链式法则所提供的梯度信息同样能够有效提升训练效率，确保模型能够准确地学习到数据的潜在结构。在不同算法中，链式法则展现出了普遍适用性，成为模型训练的重要组成部分。

链式法则的引入促进了模型训练方法的创新与发展。借助该法则，研究者们得以探索更为复杂的模型架构，如卷积神经网络和循环神经网络。这些结构的设计在于捕捉数据中的时序和空间特征，链式法则为这些高级特征的学习提供了必要的支持，使模型在面对大规模数据集时依然能够保持高效的训练性能。

在未来的研究中，链式法则的进一步发展仍然是一个重要的方向。随着深度学习领域的不断进步，如何更好地利用链式法则进行优化将直接影响到模型的性能和应用范围。因此，持续探索链式法则在新型架构和算法中的潜力，将为推动机器学习的进步提供新的动力。通过深入理解和合理运用链式法则，研究者能够开发出更为高效的学习算法，提升模型在复杂任务中的表现。

（三）梯度下降法的原理与变种

1. 梯度下降法的原理

梯度下降法是优化算法中一种广泛应用的技术，特别是在神经网络训练和机器学习模型的参数调整中。该算法的核心思想在于通过迭代更新模型参数，以最小化损失函数，从而实现模型的优化。其基本原理基于梯度的概念，即通过计算损失函数相对于模型参数的偏导数，来确定参数更新的方向与幅度。

在梯度下降法中，损失函数的定义反映了模型输出与真实值之间的差异。为了逐步减少这一差异，算法利用了损失函数在当前参数点的梯度信息。梯度的方向指向损失函数上升的方向，因此，为了实现损失的最小化，需要沿着梯度的反方向进行参数更新。具体来说，模型参数在每一次迭代中通过以下公式更新：参数的新值等于当前值减去学习率与梯度的乘积。学习率是一个超参数，控制着每次更新的步伐，影响着模型收敛的速度和稳定性。

梯度下降法的迭代过程具有一定的收敛性，能够在理想情况下收敛到全局最优解或局部最优解。收敛速度与学习率的选择密切相关。如果学习率过小，模型更新将非常缓慢，可能导致长时间训练或无法达到预期的收敛；如果学习率过大，则可能导致参数更新的剧烈波动，甚至使模型无法收敛。因此，选择合适的学习率对于优化过程至关重要。

2. 梯度下降法的变种

梯度下降法是机器学习与深度学习中的一种核心优化算法，其多种变种适应了不同场景与需求，进一步提升了模型训练的效率和效果。不同类型的梯度下降法通过不同的机制在权重更新和学习过程中展现出了各自的优势，使得优化过程更加灵活：

（1）批量梯度下降。批量梯度下降是最原始的梯度下降形式，其基本原理是在每次迭代中利用整个训练数据集来计算损失函数的梯度。这种方法具有较高的稳定性，因为它在每次更新时考虑了所有样本的信息，所以可以获得准确的梯度估计。由于每次更新所需的计算量较大，批量梯度下降适于数据集较小或计算资源充足的场景。批量梯度下降的收敛速度较慢，但当损失函数相对平滑且没有噪声时，其能够有效地找到最优解。

（2）随机梯度下降。随机梯度下降作为批量梯度下降的改进版本，通过在每次迭代中随机选择一个样本进行梯度计算，显著地降低了计算负担。随机梯度下降引入了噪声，使得每次更新方向相对随机，这一特性能够帮助算法跳出局部最优解，具有更强的探索能力。尽管随机梯度下降的收敛路径可能因受到噪声影响而波动较大，但它在训练速度方面的优势使其在大规模数据集上表现优异。随机梯度下降通常能在更短的时间内接近全局最优解，在深度学习任务中表现突出。

（3）小批量梯度下降。小批量梯度下降结合了批量梯度下降与随机梯度下降的优点，在每次迭代中使用一小部分样本进行梯度计算。小批量的选择不仅提高了更新的频率，还能保持相对稳定的收敛性。此方法将样本的多样性与计算效率相结合，使模型在训练过程中既能快速学习又不至于过于震荡。此外，小批量的设计能够充分利用现代硬件（如GPU）的并行计算能力，进而加快训练速度。小批量梯度下降因其平衡性，成为深度学习中最为常用的优化方法。

（4）动量法。动量法是针对标准梯度下降法的一种有效改进。通过引入"动量"概念，该方法在更新参数时，不仅考虑了当前的梯度，还结合了之前的梯度信息。具体而言，动量法通过计算过去梯度的指数加权平均来调整当前的更新步骤。这一机制能够有效减少梯度下降过程中的震荡现象，加速收敛，在处理非平坦损失函数时表现更为出色。动量法在平坦区域中能够快速推进，在陡峭的区域能够保持稳定，从而提高了训练的整体效率。

（5）自适应梯度算法。自适应梯度算法是一种针对每个参数独立调整学习率的优化方法。该算法根据历史梯度的平方和动态调整每个参数的学习率，使其在更新时表现出对稀疏特征的敏感性。自适应梯度算法在初期快速收敛，但累积的历史梯度信息导致学习率过早减小，因此在长时间训练中收敛速度减慢。这种特性使得自适应梯度算法在处理稀疏数据时具有优势，但在某些情况下可能并不理想。

第三节　深度学习的方法论

深度学习凭借其在数据处理和模式识别方面的强大能力，已经成为解决复杂问题的核心技术。随着其应用领域的不断扩展，深度学习的方法论体系也日趋完善。理解这些方法论，不仅能够帮助研究者选择合适的算法，更能够帮助他们有效地解决特定问题。

一、监督学习

监督学习是一种依赖已标注数据进行训练的机器学习方法。在这种学习模式下，输入数据与其对应的标签（输出）成对出现，模型通过学习这些已知的输入—输出关系，构建一个能够将新输入数据映射到正确输出的函数。

监督学习的核心在于"指导"，也就是利用预先标注的数据来引导模型学习正确的映射关系。常见的监督学习算法包括线性回归、支持向量机（SVM）、决策树、随机森林、神经网络等。这类算法被广泛应用于分类任务（如图像识别、文本分类）和回归任务（如预测房价、股票市场走势）。

监督学习的优点在于其输出结果通常较为准确，特别是在标注数据充足且数据分布与实际任务一致的情况下。监督学习的主要挑战在于获取大规模的标注数据，标注数据不仅成本高，而且不同任务所需的数据类型和规模各异。尽管如此，监督学习依然是当今深度学习领域应用最广泛的范式。

二、无监督学习

在无监督学习中，数据是未标注的，模型的任务是从数据中自动发现模式或结构。这种方法特别适用于缺乏标注的海量数据，常用于数据降维、聚类和生成模型。

常见的无监督学习算法包括主成分分析（PCA）、K-means 聚类（K 均值聚类算法）、聚类分析、自编码器等。在实际应用中，无监督学习能够帮助研究者从数据中发现隐含的规律，如客户的行为模式、产品的市场细分等。在图像处理领域，无监督学习也被广泛用于特征提取、图像生成等任务。

无监督学习的优点是它无须大量的标注数据，适合处理那些难以标注或标注代价极高的数据集。由于无监督学习缺乏明确的输出目标，模型训练过程通常难以直接评估，且模型的输出结果不如监督学习那样直观易理解。这对模型设计和选择算法提出了更高的要求。

三、半监督学习

半监督学习是一种介于监督学习和无监督学习之间的学习方法，它结合了有标签数据和无标签数据的优势，以期在标签数据有限的情况下提高学习模型的性能。在半监督学习中，有标签数据的数量通常远小于无标签数据的数量，这种方法利用了数据分布的内在规律，即数据点之间的相互关系和结构，从而在有限的有标签数据的指导下，能够有效地从大量的无标签数据中学习。半监督学习的核心思想在于数据的分布不是完全随机的，而是存在一定的结构和模式。通过分析有标签数据的局部特征和无标签数据的整体分布，模型能够捕捉到数据的潜在规律，从而获得令人满意的分类或回归结果。这种方法特别适用于标签获取成本高但未标记数据丰富的场景。半监督学习的应用场景多样，可以分为以下四个主要类别：

第一，半监督分类。在这一场景中，模型的目标是利用少量的有标签样本和大量的无标签样本来提高分类器的性能。这种方法尤其适用于有标签样本数量有限的情况，通过结合无标签样本的信息，其可以有效地弥补有标签样本不足的缺陷。

第二，半监督回归。在回归任务中，半监督学习的目标是利用无输出的输入数据来辅助有输出的输入数据的训练，以获得比仅使用有输出数据训练得到的回归器性能更好的回归模型。在这一过程中，输出变量通常取连续值，模型需要捕捉输入数据和输出数据之间的关系。

第三，半监督聚类。在聚类任务中，半监督学习通过结合有标签样本的信息来提高聚类方法的精度。这种方法特别适用于无标签样本数量巨大，而有标签样本数量有限的情况，通过利用有限的有标签数据，其可以显著提高聚类结果的质量。

第四，半监督降维。在降维任务中，半监督学习的目标是在保持高维数据的结构的同时，找到数据的低维表示。这种方法利用有标签样本的信息来指导降维过程，确保在高维空间中满足特定约束的样本在低维空间中也保持相应的关系。

半监督学习的强大之处在于它能够通过有效利用少量的有标签数据，结合大量的无标签数据，创造出高效的学习模型。这种模型不仅适用于数据稀缺的环境，还能够通过灵活调整策略，适应多种任务需求。随着机器学习技术的不断发展和数据规模的日益增大，半监督学习将继续扮演重要角色，推动相关领域的研究与应用。

四、增强学习

增强学习是一种通过与环境的交互来最大化累积回报的过程，它本质上关注智能体在不同状态下的决策行为。与传统的监督学习不同，增强学习并不会明确地告知智能体应采取哪种具体行为，而是让其通过不断的尝试和反馈，逐步学习最优的策略。增强学习的目标在于让智能体通过连续的行动获取最高的长期回报。这种方法在诸多复杂环境中表现出极强的适应性和灵活性，尤其是在不确定或动态变化的情境下。通过对智能体的训练和优化，增强学习能够使其在面对新的或未知的任务时依然能够快速作出合理的反应。

（一）蒙特卡洛法

蒙特卡洛法作为一种广泛应用的数值计算技术，具有处理复杂随机过程的显著优势。其基本原理是通过随机样本的生成与模拟来近似解答问题，尤其在处理高维度问题时表现出强大的适应能力。基于概率统计的蒙特卡洛法能够有效应对解析求解难以实现的场景，逐步逼近问题的最优解。这一方法在计算过程中，不断通过对随机变量的抽样来生成不同的可能结果，从而累积足够的数据进行分析，以得出与真实情况相符的结果。

蒙特卡洛法通过反复模拟可能的系统行为，为复杂系统的建模与分析提供了切实可行的途径。它的优势不仅体现为能够处理多变量系统，还体现在处理不确定性与随机性的过程中，能够依据大量独立的随机样本推导出有代表性的期望值。由于其随机性，这一方法避免了传统方法中可能出现的偏差和局限性，在高维问题或多样性极强的系统中，蒙特卡洛法更为适用。

在应用过程中，蒙特卡洛法虽然计算量较大，但其灵活性和普遍适用性使其在解决不同学科的复杂问题时展现出独特的优势。通过不断增加样本数量，结果逐步逼近真实值，尽管计算资源的需求较高，但随着计算机技术的发展，该方法的效率也在逐步提高。尤其在需要对随机过程进行模拟、优化或预测的领域，蒙特卡洛法所带来的解题效率和精度得到了广泛认可。

蒙特卡洛法在随机系统中的应用展现了其强大的计算能力与适应性。通过大量的采样与计算，该方法能够为分析复杂系统提供合理的解决方案，且其结果的准确性与计算成本在现代计算技术的支持下达到了一个较为平衡的状态。

（二）动态规划法

动态规划法的核心在于通过递归分解问题，逐步建立最优解的框架。该方法利用问题的最优子结构特性，通过自下而上的方式将复杂问题拆解为若干子问题，并逐个求解。这种分解不仅有效减少了冗余计算，还确保了全局最优解的获得。由于动态规划依赖于各子问题的解来构建整个问题的解法，它在解决具有明确状态转移结构的问题时表现出卓越的效率。

动态规划法特别适用于能够确定转移概率与回报机制的情境。通过明确的问题结构，动态规划能够在每个子状态中应用最优决策，从而保证整个过程的最优性。动态规划的方法论强调问题的阶段性和最优策略的递推性，它将决策过程中的复杂性逐层分解，最终形成一个有向无环图的解决路径。通过这种方式，动态规划能够在避免不必要重复计算的同时，逐步构建出最优解，确保整体策略的效率与可靠性。

动态规划法在计算效率上表现出显著优势，其适用范围主要限于具有固定结构的环境。这意味着该方法在处理不确定性较低且转移关系明确的问题时效果尤为突出。动态规划的关键在于对问题结构的深刻理解和精准分析，它通过系统化的方式确保解法的全面性和高效性。在一系列固定规则的前提下，动态规划法能够为问题的最优解提供切实可行的途径。随着算法技术的发展，该方法在特定领域的应用得到了进一步拓展，并成为应对复杂决策问题的常用工具之一。

（三）时间差分法

时间差分法通过对状态间的差异进行局部更新，进一步提升了增强学习的计算效率。与其他方法相比，它具有不依赖于完整路径的特点，能够在每一步操作后即刻更新估计值。这种局部更新的策略使得时间差分法在动态环境中表现出较高的适应性，有效缩短了智能体调整策略的时间跨度。通过在每次状态转移后对当前和下一状态之间的期望值进行修正，时间差分法逐步逼近全局最优解。

时间差分法的优势体现为其逐步更新而无须等待整个过程结束。它通过实时的状态反馈，保证了智能体能够及时调整策略，进而在复杂环境中保持较高的反应速度。由于该方法只需关注当前状态与下一状态的关系，而无须遍历全部状态空间，因此显著减少了计算资源的消耗，尤其适用于状态空间庞大的问题。这一特点在增强学习任务中得到了广泛的应用，并展现出了较高的效率和可操作性。

时间差分法的本质在于其更新机制，依赖于局部信息的不断调整，从而实现全局策略的优化。通过对局部差异的实时修正，该方法能够在计算效率和精度之间找到平衡，避免了全局计算的高昂代价。即使在高维环境下，时间差分法的局部更新机制也能够保持其适应性，极大地降低了复杂环境下的计算成本，确保了其在不同情境中的广泛应用。

时间差分法在增强学习领域的应用表明，其高效的计算方式和快速的反馈调整机制为智能体适应动态环境提供了可靠的工具。时间差分法的简化过程不仅提升了策略更新的速度，还为复杂环境中的决策提供了更加灵活的解决方案。通过高效处理局部状态，时间差分法成功兼顾了计算效率与策略优化的需求，成为处理复杂任务的有效方法之一。

（四）用神经网络进行估算法

神经网络作为增强学习中的核心工具，展现了其强大的非线性映射能力，能够精准建模复杂状态—行为之间的关系。神经网络在增强学习中的应用使智能体能够有效应对复杂环境，即使面对未曾遇见的状态，也能通过训练形成较为准确的决策机制。神经网络的适应性和泛化能力在大规模数据处理时表现得尤为显著，为增强学习任务提供了高效的估算方法。

通过迭代的训练过程，神经网络能够不断调整内部参数，逐步减少预测误差，使其对目标任务的表现不断优化。在增强学习框架下，这一过程与策略优化紧密结合，通过对历史数据的不断学习，神经网络能够精确预测未来状态值，并进一步生成符合全局最优目标的策略。神经网络自动化的学习机制使智能体能够快速适应复杂且难以解析的环境，并自主形成应对方案。

神经网络不仅具备估算状态值的能力，还能在策略生成方面发挥关键作用。通过对环境中的反馈进行深度学习，神经网络能够直接输出最优策略，极大地简化了传统方法中依赖复杂计算推导的过程。神经网络在决策层面的表现使智能体具备了在面对高度复杂的多变量问题时依然保持较高适应性的能力。

这一特点使得神经网络在增强学习任务中成为不可或缺的工具，为智能体的持续学习和优化提供了稳定的技术支持。

在增强学习的广泛应用中，神经网络凭借其出色的模型适应性和处理能力，已经逐渐成为决策系统的核心组件。神经网络通过与环境的动态交互不断优化策略，确保智能体能够在变化莫测的环境中持续进化。这种灵活的自我调整机制赋予了智能体更高的独立决策能力，使其能够在面对复杂任务时高效地生成合理策略，并在多变的环境中维持高度的适应性。

五、迁移学习

迁移学习作为一种在深度学习领域提出的有效策略，旨在解决传统深度学习面临的训练数据与测试数据分布不一致的问题。传统的深度学习方法依赖于大量标注数据的训练，然而随着数据量的急剧增长，尤其在一些新兴互联网领域，标注数据的获取变得越来越困难且资源消耗巨大。当数据不满足传统深度学习的训练条件时，如何避免数据浪费并合理利用这些不符合条件的数据，成为研究者们面临的关键挑战。迁移学习在这一背景下应运而生，它通过将现有应用情境中的知识迁移到新的情境中，帮助优化对新数据的学习过程。

迁移学习的核心思想在于通过知识的共享和转移，减少对大规模标注数据的依赖。与传统深度学习要求训练数据与测试数据必须分布一致不同，迁移学习在训练数据和测试数据分布不一致的情况下，仍能有效地学习和应用模型。这种方式突破了传统方法的限制，使已经标注的旧数据在新的任务中得以充分利用，避免了数据的浪费。尽管迁移学习具有灵活性，但它的有效应用依赖于一个前提，即新旧任务之间必须存在某些共通性，只有当不同情境中的学习任务具备相似的特征时，知识的迁移才具有实际意义。

在迁移学习的过程中，神经网络结构的层次性特征提取能力得到了充分利用。神经网络在其底层提取到的特征通常具有普遍性，适用于广泛的任务。随着网络层数的增加，特征逐渐从底层的普遍性向高层的特殊性转变。这种从普遍到特殊的学习过程使得网络的底层结构可以在不同的数据集中通用，从而为迁移学习提供了理论支持。在实际操作中，研究者常利用一个在旧数据集上训练过的神经网络，将其应用于新数据集的训练，并通过微调网络的高层参数，适应新的任务需求。这种方法能够显著降低模型在新任务中的训练成本，提升模型的泛化能力。

迁移学习的引入为深度学习在处理不同数据分布的问题上提供了新的思路。通过对网络底层普遍性特征的有效利用，迁移学习不仅提高了数据的利用率，还减少了对标注数据的依赖。这种学习方法已广泛应用于图像分类、自然语言处理等领域，显示出了强大的适应性和应用前景。随着技术的不断发展，迁移学习将在更广泛的场景中发挥重要作用，有望进一步推动深度学习技术的创新与进步。

六、对偶学习

对偶学习是一种旨在通过闭环反馈系统提升机器学习智能性的创新学习范式。对偶学习的核心思想在于两个对偶任务相互促进，形成反馈循环，从而能够从未标注的数据中提取有用信息，提升学习模型的表现。对偶学习的普适性使其不仅适用于单一任务的应用场景，还能够扩展至多个相关任务，只要这些任务能够形成闭环系统。这种闭环特性是对偶学习的关键，它允许通过对偶反馈的机制，使系统在未标注数据的环境下获得反馈，进而优化模型性能。

与现有的监督学习相比，对偶学习的一个显著特点在于其不仅能够有效利用标注数据，还能够有效利用未标注的数据。传统监督学习仅在标注数据的基础上进行单任务训练，而对偶学习通过两个或更多任务的相互作用，从未标注的数据中提取反馈信息。这种能力使得对偶学习在处理数据标注不足的情况下具有极大的优势，特别是在大规模数据集无法全面标注的情况下，这种方法提供了高效的数据利用途径。在半监督学习的范式中，未标注的数据通过生成伪标签参与训练，但半监督学习无法保证这些伪标签的准确性，对偶学习通过闭环反馈的方式能够直接评估伪标签的优劣，并利用反馈调整模型。这种基于反馈的机制提升了未标注数据的有效性，将未标注的数据在某种程度上转化为带标签的数据。这一特性使得对偶学习在处理大规模未标注数据时具有更高的精度和效率，显著提高了模型的泛化能力和鲁棒性。

尽管对偶学习与多任务学习在同时处理多个任务方面有一定的相似性，但二者在输入空间的要求上存在本质区别。多任务学习要求多个任务共享相同的输入空间，即各个任务在输入数据的维度和结构上必须具有共性；而对偶学习不受此限制，其关键在于任务之间的相互关系，而非输入空间的一致性。因此，只要任务能够形成闭环反馈系统，对偶学习便能够发挥作用，极大地拓宽了其应用领域。

迁移学习的目标是通过相关任务辅助主要任务的学习，而对偶学习不存在主次任务的区分。在对偶学习的框架下，所有任务在闭环系统中相互作用、相互促进。因此，对偶学习不仅关注任务间的知识迁移，还通过任务间的相互反馈优化整个系统的学习过程。这种并行协同的学习方式提高了模型的智能性和适应性，使对偶学习成为一种独特且高效的学习范式。

对偶学习在机器学习领域提供了一种全新的视角和方法，闭环反馈系统的引入使模型能够从未标注的数据中获得反馈，从而有效提升多个任务的智能性。对偶学习在处理大规模数据、提高数据利用率和提升模型智能化方面显示出强大的潜力，预示着对偶学习将在未来的研究和应用中扮演更加重要的角色。

第三章
卷积神经网络与图像识别

第一节　卷积神经网络的基本结构

卷积神经网络（CNN）作为一种前馈深度网络，通过模拟人类视觉系统的工作方式，展现了其在处理复杂数据，尤其是图像处理任务中的卓越能力。CNN 的独特之处在于其对局部区域的响应能力，这使它在处理大规模图像时表现出色，成为图像分类、语义分割、物体检测等计算机视觉任务的核心技术。随着研究的深入，CNN 不仅在视觉领域取得了显著成效，其应用领域还逐渐拓展至自然语言处理、数据挖掘等更多非视觉任务，并且展现出超越传统方法的潜力。

CNN 的工作原理可以理解为一个分层的过程，其输入可以是 RGB（一种颜色标准）图像或原始音频数据等多维信息，通过一系列层级的操作来逐步抽取数据中的高层语义信息。这一层次模型依赖于前馈运算，通过层层堆叠的卷积、池化和非线性激活函数映射等操作，将原始数据中的复杂特征提取并抽象，最终实现对目标任务的处理。卷积层是 CNN 最重要的组成部分，它通过卷积核提取局部特征，逐层捕捉图像中的细节信息，并通过池化层对数据进行降维和简化处理，从而减少冗余信息，提高计算效率。随着数据层次的加深，CNN 能够从局部特征逐渐提取出更复杂、更高级的抽象信息。在结构上，CNN 通常由三种主要层组成，即卷积层、池化层和全连接层。具体如下。

一、卷积层

卷积层作为卷积神经网络的基础操作，在整个网络架构中起到了至关重要的作用。它不仅是特征提取的核心部分,甚至在一些实际应用中,卷积操作替代了网络末端的全连接层,用于实现分类等复杂任务的处理。卷积运算源自数学中的一种运算方式,在卷积神经网络中,通常涉及的是离散卷积的形式。卷积的主要功能体现在两个方面:一是特征的抽取,使模型能够有效识别输入数据中的重要信息;二是通过局部连接与权值共享,赋予网络一定的平移不变性,并减少计算的复杂度。

卷积运算通常通过设定卷积窗口进行操作,常见的窗口大小为 3×3 或 5×5,这些窗口通过滑动操作对输入进行卷积,从而逐步提取数据中的局部特征。卷积层的核心在于其能够将高维的输入数据通过卷积核的作用映射为低维的特征表示,从而实现降维操作。这一过程能够有效减少输入数据的冗余信息,同时保留对目标任务有用的特征,极大地提升了模型的计算效率。

卷积操作的具体实现依赖于多个参数的设定。首先是卷积核的大小,它决定了每次操作提取的特征范围;其次是步长的设定,步长影响了卷积窗口的移动距离,决定了输出特征图的分辨率。卷积可以在单通道或多通道的情况下进行,这使它能够适应不同复杂度的输入数据。在图像处理中,卷积的应用更为广泛,它通过逐像素计算输入图像与卷积核的点积,生成特征图,并将其作为下一层操作的输入。为保证边界信息不丢失,通常使用数据填充技术,这种方式通过填充边界像素,确保卷积操作覆盖到原图的每一个像素点。

卷积的计算过程相对简单,首先根据原始输入选择图像中的坐标位置,将卷积核的中心对准该坐标,并计算该位置的局部特征。其次对输入图像中该位置的像素与卷积核逐一相乘,并将结果求和,即可得到卷积操作的输出。这个输出值保存在输出图像的对应位置上。随着卷积核的滑动,整个输入图像的所有位置会依次被卷积处理,输出的特征图将作为后续层的输入。

(一)局部感知

在神经网络的设计中,普通的全连接网络将每一层的所有神经元与下一层的所有神经元进行连接,这种结构虽然简单,但在处理大规模图像时非常低效且不切实际。随着输入数据规模的扩大,特别是在面对高分辨率图像时,全连接网络的计算量和参数数目急剧增加,使网络的训练变得极为困难。以一个 1000×1000 像素的图像为例,若采用全连接网络来处理,那么仅输入层就需要设置 100 万个单元,且隐藏层若与输入层相同,也需要设置 100 万个单元。

如此巨大的参数量将使得模型难以训练，并且计算资源需求极高。为了降低这种计算复杂度并提高效率，卷积神经网络引入了两种重要机制来减少参数数目和提升运算效率，其中之一便是局部感知野的概念。

局部感知野的原理源自人类视觉系统的启发。在生物学上，视觉神经元只对视野中的局部区域进行响应，而不需要感知整个视觉场景。类似的，卷积神经网络通过将神经元限制在图像的局部区域进行感知，逐层整合局部信息，最终形成对全局图像的理解。这一机制基于图像的空间特性，即图像中局部像素之间的联系更为紧密，而距离较远的像素之间的关联较弱。因此，在卷积层中，每个神经元仅连接输入图像的一个小区域，即其感受野，这样不仅减少了参数数量，还保留了局部信息，从而实现了对大规模图像的高效处理。

在卷积神经网络中，隐藏单元的局部感知不仅适用于二维的空间图像，还适用于其他形式的输入数据。例如，对于音频信号，隐藏单元的感受野可能仅覆盖特定时间段的音频数据，而不需要处理整段音频。这种灵活的感知机制使得 CNN 能够在多种任务中高效运作，无论是图像处理还是语音识别，卷积操作都能有效地减少计算资源的消耗。

卷积层的神经元是三维的，不仅包括空间维度，还包括深度维度。每一层的卷积神经元都通过多个过滤器（卷积核）来处理输入图像的不同特征，这些过滤器通过学习不同的特征模式，使卷积层能够捕捉到图像的各种抽象信息。每个过滤器对应一个特定的深度，卷积层的输出深度则由过滤器的数量决定。如图 3-1 所示，样例输入单元的大小是 $32 \times 32 \times 3$，输出单元的深度是 5，对于输出单元不同深度的同一位置，与输入图片连接的区域是相同的，但是参数（过滤器）不同。

虽然每个输出单元只是连接

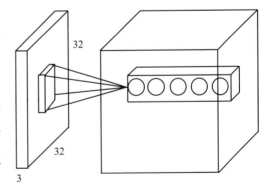

图 3-1　过滤器（卷积核）[①]

---

① 图 3-1 引自：杨博雄，李社蕾，肖衡，等.深度学习理论与实践［M］.北京：北京邮电大学出版社，2020：48-50.

输入的一部分，但是值的计算方法没有变，都是权重和输入点的积，然后加上偏置，这点与普通神经网络是一样的，如图 3-2 所示。

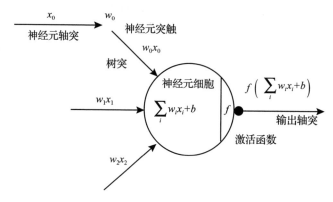

图 3-2　卷积计算原理

树突接收消息，传到神经元细胞处理，通过轴突输出到下一个神经元群核团的树突。信号通过一个个神经元群核团一级级传输。建立以下模型：

$$x=\begin{pmatrix} x_0 \\ x_1 \\ x_2 \end{pmatrix}, \quad w=\begin{pmatrix} w_0 \\ w_1 \\ w_2 \end{pmatrix}, \quad h_j=f\left(\sum_i w_i x_i+b\right) \qquad (3-1)$$

一个输出单元的大小由 3 个量控制：深度、步幅和补零。

第一，深度（depth）。深度决定了输出单元的层次结构，控制着过滤器的数量以及在同一区域上作用的神经元的数量。深度越大，意味着网络可以捕捉到更多的特征信息。

第二，步幅（stride）。步幅决定了相邻隐藏单元之间的距离，影响输入区域的重叠程度。步幅较小时，输入区域的重叠部分较多，从而增加了细节捕捉的精度；步幅较大时，重叠部分减少，网络处理速度加快但细节信息可能有所损失。

第三，补零（zero-padding）。补零通过在输入单元周围添加零值，使输入图像尺寸发生变化，进而影响输出单元的空间大小。

假定：W——输入单元的大小（宽或高）；F——感受野；S——步幅；P——补零的数量；K——输出单元的深度。

则可以用以下公式计算一个维度（宽或高）内一个输出单元里可以有几个隐藏单元：

$$\frac{W-F+2P}{S}+1 \qquad (3-2)$$

如果计算结果不是整数，则说明现有参数不适合输入，步幅设置得不合适，或者需要补零。

列举一个一维的例子，图3-3的右上角［1，0，-1］是权重，左边模型输入单元有5个，即W=5，边界各补了一个零，即P=1，步幅是1，即S=1，感受野是3，每个输出隐藏单元都连接3个输入单元，即F=3，根据上面的公式可以计算出输出隐藏单元的个数是（5-3+2）/1+1=5，与图示吻合；右边模型把步幅变为2，其余不变，可以算出输出大小为（5-3+2）/2+1=3，也与图示吻合。若把步幅改为3，则公式不能整除，说明步幅为3不能恰好吻合输入单元的大小。

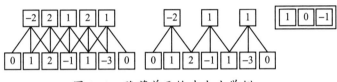

图 3-3 隐藏单元输出大小举例

（二）权值共享

权值共享通过减少网络中的参数数量，极大地提升了模型的训练效率。尽管局部感知野已经显著减少了参数量，但对于大规模数据集而言，仍然存在参数过多的问题。此时，权值共享应运而生，通过将某个区域学习到的权值信息应用于图像的其他部分，卷积神经网络能够进一步降低参数的数量，从而提升计算效率。

权值共享的核心思想在于，一个卷积核能够在整个图像中使用，而不必为每一个局部区域单独设定一套权重。这意味着，相同的卷积核会对整幅图像进行卷积操作，相当于对图像进行了全图的滤波。在局部感知中，每个神经元都可能对应多个参数，若将这些参数全部独立设置，网络将不可避免地产生庞大的参数量。但通过权值共享，这些局部区域的参数被统一成相同的权重，使得卷积操作的参数数量大大减少。例如，若有100万个神经元，每个神经元连接100个参数，原本需要处理1亿个参数，而通过权值共享，这些参数可以被压缩为100个，从而大幅度减少了运算负担。

为了更好地理解权值共享，我们可以将卷积操作视为特征提取的一种手段，而这种特征提取方式与图像中的具体位置无关。卷积网络假设图像的不同部分具有相同的统计特性，这意味着在局部区域学习到的特征也适用于图像的其他区域。因此，学习到的权值不是作用于单个局部区域的，而是能够在图像的所有位置上共享使用的。这一特性使得卷积神经网络具有很强的空间不变性，即无论目标出现在图像的哪个位置，网络都能够通过共享的权值进行特征检测和处理。

更直观地讲，我们可以从图像中随机选取一个小块样本（如 8×8 大小），并通过这个小块学习到一些有用的特征。这些特征就相当于一个探测器，可以应用于整幅图像的任意位置。通过将从样本中学习到的权值与整幅图像进行卷积，网络能够在图像的每个位置上得到对应的激活值，从而识别出图像目标的存在与位置。权值共享使得这一过程更加高效，因为不再需要为每个区域重新学习权值。

在传统的全连接网络中，每个神经元与上一层的所有神经元相连，这些连接的权重都是独立的。因此，若上一层有 m 个神经元，当前层有 n 个神经元，则总共有 $m \times n$ 个权重参数。相比之下，卷积网络通过权值共享，显著减少了参数的数量。例如，在卷积操作中，同一个过滤器（权重矩阵）会在图像的每个位置应用，从而确保所有位置共享相同的权重。

权值共享的运作方式类似于对图像进行扫视的过程。给定一张输入图像，通过一个卷积核（过滤器）对图像进行扫描，卷积核中的数值即为权重，权重在图像的每个位置上保持一致。这种共享机制不仅减少了参数，还确保了特征提取的一致性，从而提高了卷积神经网络的训练速度和泛化能力。通过权值共享，卷积神经网络得以在保持计算效率的同时，提取到图像中的重要特征，从而在多种任务中有优异的表现。

二、池化层

池化层通常在卷积层之后使用。池化层的主要作用在于通过对卷积层输出的特征进行降维处理，在减少计算复杂度的同时，提高模型的泛化能力，减少过拟合的风险。池化层通过设定一个池化窗口对输入特征进行操作，常见的池化方式包括最大池化和平均池化。池化的作用不仅是降维，还在一定程度上保留了输入数据的关键信息，从而提高了模型的训练效果。

池化层的工作机制与卷积层有一定的相似之处，都是通过对局部区域进行操作来提取信息的。池化层的关键在于它通过聚合某一局部区域的特征来减少数据的维度。例如，在最大池化操作中，每个池化窗口都会选取局部区域中的最大值作为输出，而在平均池化中，则是取局部区域的平均值。这种聚合操作极大地降低了特征的维度，减少了计算资源的消耗，并有助于提升模型的稳定性。

池化层能够帮助网络实现对空间特征的缩小。这一缩小不仅是在数据维度上的压缩，还是对输入数据噪声的过滤。通过池化层，网络可以忽略图像中某些不重要的细节，专注于提取最显著的特征。这使得网络在处理大规模图像时，不会因为局部的细微变化而影响整体的识别效果。此外，池化操作还可以减少参数数量，从而在保持准确率的同时，避免模型过拟合。

在特征提取完成后，池化层的输出特征向量可以作为分类器的输入。虽然理论上可以直接根据卷积后的所有特征进行分类，但在实际操作中，这样会导致计算量过大，特别是在处理高分辨率图像时，特征维度可能非常高，导致训练和计算的效率大幅下降。通过池化层的降维操作，特征向量的维度被显著降低，计算变得更加高效，也使得模型在训练过程中不容易陷入过拟合。

池化操作不仅能够降低特征维度，还能够改善模型的学习效果。因为图像具有"静态性"的特点，即在某一区域学到的有用特征可能在图像的其他区域同样适用。池化层正是利用了这一性质，通过对特征进行聚合统计，保留了关键的特征信息，并消除了一些不必要的细节，从而提高了模型的鲁棒性。最大池化如图 3-4 所示。

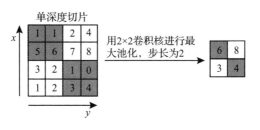

图 3-4　最大池化

在卷积神经网络中，池化操作是获取卷积特征后的重要步骤，其主要目的是通过将卷积特征划分为若干不相交的区域来降低特征的维度。假设将卷积特

征划分为 $m \times n$ 大小的池化区域，接下来可以通过计算这些区域的平均值或最大值来获得池化后的特征。这样的处理不仅有效地减少了特征的数量，还提高了后续分类任务的效率。

池化操作的结果是特征和参数的减少，然而，其目的并不仅局限于此，更深层次的目标在于保持某种不变性，包括旋转、平移和伸缩等。这种不变性使得卷积神经网络在处理图像时，能够更好地应对因物体位置变化、视角不同或图像变换带来的影响。通过池化操作，网络能够集中注意力于关键特征，从而在一定程度上抵御图像噪声和变形对识别结果的影响。

池化操作主要有三种形式：平均池化、最大池化和随机池化。平均池化通过计算每个池化区域内特征值的平均值，保留了局部区域的整体信息，而最大池化侧重于提取局部区域中最显著的特征。这两种池化方式在特征抽取上各有优势，能够适应不同类型的任务需求。随机池化则通过随机选择池化区域内的某些值来实现特征的抽取，其效果在某些情况下能够引入额外的随机性，有助于提高模型的泛化能力。

在卷积神经网络的池化操作中，选择连续的范围作为池化区域，并对来自相同隐藏单元的特征进行池化，可以实现平移不变性。这一特性是池化层设计的重要考虑因素，主要体现在两个方面：第一，池化区域必须是连续的；第二，池化所依据的特征应来自相同的隐藏单元。通过满足这两个条件，池化操作能够在图像整体平移的情况下，保持对特征的有效提取和匹配。

平移不变性意味着无论图像在空间上如何移动，池化操作都能够稳定地提取出特征。这是因为在池化单元内部，特征是基于连续的输入区域进行处理的，这种处理能够确保局部特征在整个图像中被一致地捕捉。由于池化的连续性，任何图像的平移都会导致特征的一致性提取，从而增强了模型在处理动态或变化场景时的鲁棒性。

在池化过程中，无论是采用最大池化还是平均池化，实际上都是对输入特征进行一种抽象处理。这种抽象过程不仅能够过滤掉不必要的信息，还能够降低特征的维度，使后续的分类和识别任务更加高效。但这种抽象处理也意味着可能会损失某些细节信息。因此，如何选择合适的池化方法与参数，对于特征提取的效果至关重要。

最大池化和平均池化在特征提取方面的效果并不完全相同，具体取决于需要识别的图像特征类型。一般而言，最大池化更擅长提取图像中的纹理和边缘特征，而平均池化能够更好地保留背景信息。在某些情况下，选择最大池化可能更合适，特别是在识别具有明显纹理的目标时；而在处理背景复杂的场景时，平均池化则可能表现得更加优越。

评估特征提取的误差主要来源于两个方面：一方面，邻域大小的限制可能导致估计值的方差增大，而平均池化能够在一定程度上减小这种误差。通过取局部区域的平均值，平均池化有助于降低特征的波动，使提取出的特征更为稳定。另一方面，卷积层的参数误差可能导致估计均值的偏移，在这种情况下，最大池化可以有效减少这种偏移所带来的影响。最大池化通过选择局部区域中的最大值，能够确保特征的显著性，从而提升模型对关键特征的敏感性。

三、全连接层

在卷积神经网络的结构中，经过若干卷积层和池化层之后，通常会引入一个或多个全连接层。这些全连接层的主要目的是对原始图像进行高级抽象，将之前层次提取到的特征进行整合和处理。与卷积层不同，全连接层将前一层的所有神经元与当前层的每个神经元进行连接，这种连接方式与传统神经网络的结构相似，但全连接层并不保留空间信息。这意味着全连接层所处理的特征是经过多个卷积和池化操作后，已经被压缩和抽象化的高层特征。

全连接层在整个卷积神经网络中扮演着"分类器"的角色。卷积层和池化层等操作可以视为将原始数据映射到隐藏层特征空间的过程，而全连接层负责将这些"分布式特征表示"进一步映射到样本标记空间。也就是说，经过特征提取，全连接层的作用是对提取的特征进行综合分析，从而实现最终的分类决策。

在实际应用中，全连接层的实现可以通过卷积操作来替代。例如，若前一层是全连接层，则可以通过卷积核为 1×1 的卷积操作来实现；若前一层是卷积层，则全连接层可以使用 $h \times w$ 大小的卷积核进行全局卷积，其中 h 和 w 分别代表前一层卷积结果的高度与宽度。这种灵活的结构设计使卷积神经网络能够高效地利用空间特征，并在保持信息完整性的同时减少计算量。

全连接层的设计涉及大量的参数，正如在前向计算过程中，每个输出节点都是前一层所有节点的加权求和。具体来说，每个输出节点可以视作前一层每个节点乘以一个权重系数 W，并加上一个偏置值 b。这种计算方式虽然简洁明了，但也意味着全连接层的参数量非常庞大。例如，在一个全连接层中，如果输入为 $50 \times 4 \times 4$ 个神经元节点，输出为 500 个节点，则所需的权重参数总数将达到 400000 个，还需额外的 500 个偏置参数。这种参数的密集程度使得全连接层在卷积神经网络中成为最为复杂的部分。

全连接层的参数数量虽然庞大，但作用不可小觑。通过整合来自不同卷积和池化层的特征，网络能够进行更为复杂的决策，并有效地识别出目标的类别。在训练过程中，这些权重和偏置参数会通过反向传播算法进行调整，旨在最小化损失函数，从而提升模型的准确率。

在卷积神经网络的整体结构中，全连接层提供了一个强大的决策机制，使经过特征提取后的信息得以有效分类。尽管在参数量和计算复杂度上具有挑战性，但全连接层的设计使卷积神经网络能够以较高的精度完成分类任务。因此，全连接层作为卷积神经网络的重要组成部分，承载着最终的分类功能，是连接特征抽取和分类决策的桥梁。

第二节　卷积神经网络的经典模型与应用

一、卷积神经网络的经典模型

（一）AlexNet

AlexNet 是 2012 年由 Hinton 的学生 Alex 提出的深度学习模型，属于 LeNet[①] 的扩展版本。该网络引入了一系列新技术，包括 ReLU 激活函数、Dropout 正则化（随机失活正则化）正则化以及数据增强等手段，首次实现了 GPU（图形处理器）加速，显著提高了训练效率。AlexNet 由 65 万个神经元构成，包含 5 个卷积层，其中 3 个卷积层后面配有池化层，最终接入 3 个全连接层。通过将 LeNet 的思想进行拓展，AlexNet 成功地将卷积神经网络的基本原理应用到了更深、更宽的网络结构中，推动了计算机视觉领域的发展。

---

① LeNet 是一种经典的卷积神经网络，是现代卷积神经网络的起源之一。

1. AlexNet 使用的新技术

（1）以 ReLU 为卷积神经网络的激活函数

AlexNet 选择了 ReLU 作为卷积神经网络的激活函数，并通过实验验证了其在较深层网络中的优越性能，尤其是相较于传统的 Sigmoid 函数，ReLU 能够有效地缓解梯度弥散问题。ReLU 虽早已被提出，但其真正的应用突破是在 AlexNet 的推广中实现的。由于 ReLU 在深度神经网络中的非线性性质，它能够快速收敛，同时避免网络的复杂度过高，这使得 AlexNet 在训练过程中拥有卓越的表现。

（2）引入了 Dropout 机制

AlexNet 在模型训练中引入了 Dropout（一种神经网络训练技术）机制，通过随机忽略一部分神经元来防止模型的过拟合现象。虽然 Dropout 机制此前已有单独的理论基础和研究支持，但 AlexNet 的创新在于通过实践证明了其实际应用效果。在 AlexNet 中，Dropout 主要在最后几层全连接层中使用，通过这种随机化的策略，模型在不同的训练批次中得以多样化，进一步增强了模型的鲁棒性与泛化能力。

（3）采用了最大池化策略

AlexNet 在卷积神经网络中采用了重叠的最大池化策略，打破了以往 CNN 中常用的平均池化方式。最大池化的优点在于避免了平均池化带来的模糊化效果，能够更好地保留图像中的关键特征。同时，AlexNet 在池化操作中采用了让步长小于池化核尺寸的方式，使得池化层输出具有重叠性，增强了特征的丰富性和表示能力。这种设计提升了网络对图像信息的捕捉能力，使模型在处理复杂图像时能够更加准确地识别其中的关键信息。

（4）引入了局部响应归一化层

AlexNet 引入了局部响应归一化（LRN）层，通过对局部神经元的活动进行竞争机制的设计，使得其中响应较大的神经元值进一步增强，同时抑制了反馈较小的神经元，从而提高了模型的泛化能力。LRN 层的这一机制有效地增强了网络的稳定性，并在一定程度上防止了模型陷入局部极小值的问题，提升了整体的训练效果。

（5）使用 CUDA 技术

AlexNet 通过使用 CUDA 技术加速了深度卷积网络的训练，充分利用了

GPU 强大的并行计算能力，其在处理大量矩阵运算时展现出了极高的效率。AlexNet 的设计者使用两块 GTX 580 GPU 进行训练，并通过将网络分布在两块 GPU 上，将神经元参数分别储存在每块 GPU 的显存中。这种分布式的设计不仅有效地解决了显存限制问题，还通过控制 GPU 之间的通信频率，最大限度地减少了通信带来的性能损耗，提高了模型训练的效率与规模。

（6）采用了数据增强技术

AlexNet 还采用了数据增强技术，增加了原始训练数据的多样性，从而有效地减少了过拟合现象。具体方法是从原始 256×256 像素的图像中随机截取 224×224 大小的区域，并对其进行水平翻转的镜像操作。这一处理相当于极大地增加了数据量，使模型在面对复杂的训练数据时能够保持良好的泛化性能。在预测阶段，AlexNet 从图像的 4 个角和中间位置各截取一次，进行左右翻转，共生成 10 张图片，通过对这些图片分别预测并求均值的方式，提升了最终预测的准确度。此外，通过对图像的 RGB 数据进行主成分分析（PCA）处理，并对主成分添加高斯噪声，进一步降低了模型的错误率，增强了模型的鲁棒性。

2. AlexNet 的特点

（1）使用了 ReLU 激活函数

ReLU 函数：$f(x)=\max(0,x)$。

ReLU 激活函数的引入为解决深层神经网络中的梯度消失问题提供了有效的方案。深层网络在训练过程中常常会遭遇梯度消失现象，这使得网络在参数更新时变得缓慢甚至停滞，导致模型的训练效果不理想。ReLU 激活函数的特点在于其输出始终为非负值，这一性质使得在激活输出大于零的情况下，梯度始终为常数，能够有效地维持梯度的流动，从而缓解了梯度消失的问题。

与传统的激活函数 Sigmoid 和 tanh（双曲正切函数）相比，ReLU 在深度卷积神经网络中表现出更高的训练效率。Sigmoid 和 tanh 函数在输入较大或较小时，输出会趋于饱和，这意味着它们在这些区域的梯度接近于零，导致模型难以有效地学习；而 ReLU 的线性特性能够使其在大多数情况下保持非零的梯度，因而加快了训练的收敛速度。

使用 ReLU 激活函数，模型不仅能够加快训练速度，还能够提升整体性能。深度网络通过引入 ReLU，能够更高效地学习到复杂数据的特征，使深度学习技术得以迅速发展并广泛应用于计算机视觉、自然语言处理等领域。因此，ReLU 的引入为深度学习的进步奠定了坚实的基础，并成为现代深度学习模型不可或缺的组成部分。

（2）使用了 Dropout

Dropout 是一种广泛应用于深度学习的正则化技术，主要用于防止神经网络的过拟合现象。过拟合是指模型在训练数据上表现良好，但在未见数据（如测试数据）上的性能显著下降，这通常是因为模型过于复杂，捕捉了训练数据中的噪声而非真正的规律。Dropout 通过改变网络的结构来应对这一挑战，从而增强模型的鲁棒性和泛化能力。

Dropout 的基本原理是在训练过程中以一定的概率随机"删除"部分神经元。具体来说，在每个训练迭代中，Dropout 会根据设定的概率（通常为 0.2~0.5）随机选择部分神经元，使其不参与该次迭代的前向传播和反向传播。这种随机删除的方式使得网络在每次训练时都会有一个不同的结构，这就迫使网络的各个部分都参与学习，从而减少了对特定神经元的依赖。

与传统的正则化方法相比，如 L1 正则化和 L2 正则化，Dropout 的随机性使得网络更具灵活性。传统方法通过对权重进行约束来减小模型复杂度，而 Dropout 通过减少神经元的数量来"简化"网络的结构。这种方法使网络在学习过程中能够更好地捕捉数据的不同特征，避免模型在训练集上表现过好但在测试集上表现不佳的情况。

Dropout 只在训练阶段使用，在预测阶段不使用。这是因为在进行预测时，网络需要依赖所有的神经元进行决策，确保输出的稳定性和准确性。在预测阶段，网络会将所有神经元的激活值乘以一个比例因子，以补偿训练时随机删除神经元的影响。这样可以保证在训练阶段和预测阶段的输出具有一致性，从而提高预测的可靠性。

（二）VGGNet

VGGNet 通过探讨卷积神经网络的深度与性能的关系，提出了一种以 3×3 小型卷积核和 2×2 最大池化层为基础的网络架构。VGGNet 的深度达到了 16~19 层，分别对应 VGG-16 模型 ~VGG-19 模型。VGGNet 的设计以简单稳定的卷积堆叠为核心，具备较强的扩展性和良好的迁移能力，这使其在多种图像数据上表现出良好的泛化性能。VGGNet 的多个版本在最后三层的全连接层设计上保持一致，整体结构由 5 组卷积层和池化层组成，随着卷积层的深度增加，级联的卷积层数量也逐渐增多。

VGGNet 每层卷积层包含 2 ~ 4 个 3×3 的卷积核，步长为 1，配合 2×2 的池化核，步长为 2。该设计的一大改进在于使用多个较小的卷积核代替较大的卷积核，从而减少了参数量，同时提升了网络的非线性映射能力。这种设计使网络在保持较高计算效率的同时，显著增强了模型的拟合表达能力。通过卷积核缩小和层数增加的策略，VGGNet 能够在提高网络性能的同时保证计算的稳定性。

（三）GoogLeNet

GoogLeNet 的特点是在控制计算量和参数规模的同时，提升网络的整体性能。其优势主要体现在两个方面：一方面，GoogLeNet 移除了传统的全连接层，采用了全局平均池化，这种设计极大地减少了参数数量，同时提高了网络的泛化能力；另一方面，GoogLeNet 引入了精心设计的初始模块（Inception Module），通过多尺度的卷积操作提高了参数的利用效率，使得网络在计算资源有限的情况下依然表现出色。

与前代的 VGGNet 和 AlexNet 相比，GoogLeNet 在网络结构上做出了更大胆的尝试。虽然它的深度达到 22 层，但其参数量仅为 500 万，远小于 AlexNet 和 VGGNet，使其在内存或计算资源有限的场景下成为更理想的选择。

第一，GoogLeNet 采用了模块化的 Inception 结构，使网络的设计具有高度的灵活性。这种模块化设计不仅方便了网络的扩展和修改，还使得模型在不同任务中的适应性更强。

第二，网络在最后阶段采用了平均池化（Average Pooling）替代全连接层。这一设计灵感来自 Network in Network（NIN），通过平均池化，网络有效减少了模型的参数量，同时提高了模型的泛化能力。尽管如此，网络最终仍加入了一个全连接层，主要目的是提升输出层的灵活性，使模型在实际应用中的调整更加便捷。

第三，虽然 GoogLeNet 移除了全连接层，但网络仍然保留了 Dropout 机制。Dropout 在深层网络中作为一种正则化手段，能够有效防止模型的过拟合现象，进一步提升训练的稳定性。

第四，为了应对深层网络中可能出现的梯度消失问题，GoogLeNet 额外引入了两个辅助的 Softmax 分类器。这两个辅助分类器通过在中间层进行分类，将其输出按较小的权重（0.3）加入最终分类结果，起到了模型融合的效果。此外，它们还为整个网络提供了更多的梯度信号，增强了反向传播的效果，进而提升了模型的训练效率。但在实际测试时，这两个辅助 Softmax 分类器会被移除，以保证最终模型的简洁性和性能。

GoogLeNet 的构成部件和 AlexNet 差不多，不过中间有几个 Inception 结构，GoogLeNet 的 Inception 结构如图 3-5 所示。

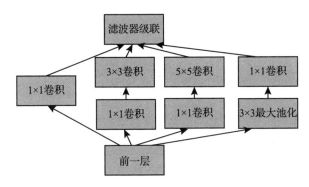

图 3-5　GoogLeNet 的 Inception 结构

Inception 结构是一种创新的网络架构，它将输入特征图分为四个不同的部分，并对每一部分施加不同大小的卷积操作，然后将这些特征图堆叠在一起。这种设计方式引入了卷积神经网络中常用的几种卷积类型，包括 1×1 卷积、3×3 卷积和 5×5 卷积，以及 3×3 的池化操作。这种堆叠方式不仅增加了网络的宽度，还增强了网络对不同尺度特征的适应能力，使网络能够更好地捕捉多样化的图像信息。

在 Inception 结构中，卷积层起到了至关重要的作用，能够精确提取输入数据中的每一个细节信息。尤其是 5×5 的滤波器，其覆盖范围较大，能够有效地捕捉到大部分接收层的输入特征。此外，在卷积操作后，通常还会进行池化操作，进一步减小空间维度，从而降低模型的过拟合风险。在每个卷积层之后，ReLU 激活函数的应用也是至关重要的，它为网络增加了非线性特征，使网络在处理复杂数据时表现得更加灵活和有效。

为了有效控制特征图的厚度，Inception 结构在 3×3 卷积、5×5 卷积以及最大池化操作之后，引入了 1×1 的卷积核。这一设计不仅减少了特征图的通道数，还在一定程度上降低了计算复杂性。这种方式有效地避免了特征图的过度稠密，使得网络在保持信息丰富性的同时，能够更高效地进行计算。这种精妙的结构组合构成了 Inception V1 的核心网络架构，展示了其设计的灵活性与有效性。

1×1 卷积的引入，主要目的是降低维度，同时能够对线性激活进行修正。例如，假设某一层的输出尺寸为 $100 \times 100 \times 128$，若随后应用 256 个通道的 5×5 卷积层（步幅为 1，填充为 2），则输出尺寸将变为 $100 \times 100 \times 256$，而该卷积层的参数量为 $128 \times 5 \times 5 \times 256=819200$。如果在这之前，输出先经过具有 32 个通道的 1×1 卷积层，那么参数量就会显著减少。具体而言，参数量会变为 $128 \times 1 \times 1 \times 32+32 \times 5 \times 5 \times 256=208896$，相比之下，参数量大约减少到原来的 1/4。这种设计策略有效地降低了模型的复杂性，同时保持了信息的完整性，为网络的高效运行提供了保障。

（四）ResNet

随着深度学习技术的发展，ResNet 作为一种深度残差网络，其在处理复杂图像识别任务中的优势逐步显现。ResNet 的核心思想是通过引入残差学习机制，允许网络直接传递输入信息到后续层，解决了传统 CNN 在信息传递过程中的衰减问题。

ResNet 采用了深度残差结构，由大量的残差单元组成。每个残差单元包含两个主要部分：一是输入层，接收原始图像信息；二是输出层，生成对输入的预测结果。通过在不同层之间建立直接的跳转连接，ResNet 能够确保信息在网络中有效传递，避免因层数过多而导致信息丢失。ResNet 具备以下优势：

第一，解决深度 CNN 的训练问题。深度 CNN 在训练过程中常常遭遇"梯度消失"或"梯度爆炸"的问题，尤其是在网络层数过多时，这会导致训练集的准确率显著下降。为了解决这一问题，ResNet 采用了残差学习的方式，引入了短路连接，使信息在网络中能够直接传递。这一设计允许网络在较高层数的同时，保持信息的完整性，避免了因层数增加而导致性能退化。通过这种残差结构，ResNet 能够有效地捕捉和学习输入数据的特征，而不必担心深层网络中的信息损失。这种方法不仅提高了网络的训练效果，还使模型在面对复杂任务时能够更加稳定地收敛，从而减少了过拟合的风险。

第二，提高信息传递效率。ResNet 的设计理念使信息可以在网络中高效地传递，而无须经过多次的卷积和池化操作。这种高效的信息传递机制通过短路连接实现了跨层信息的直接流动，极大地减少了计算的复杂性和负担。在传统的深度网络中，每一层的输出都需要经过一系列的卷积和非线性激活函数处理，这会使信息的传递受到影响，导致计算效率降低；而在 ResNet 中，短路连接使得某些层的输出能够直接传递到后续层，这不仅简化了计算流程，还提升了网络的整体性能。这种信息传递效率的提升使得 ResNet 在处理大规模图像数据时表现得尤为出色。尤其在图像识别任务中，网络能够迅速捕捉到重要特征，显著提高了识别的速度和准确率。

第三，增强特征学习能力。通过残差学习的机制，ResNet 在特征学习方面具备了更强的能力。传统的深度学习模型在特征提取过程中，常常依赖较大的网络结构来学习更复杂的特征，但这可能导致网络的冗余和过拟合；而 ResNet 通过引入残差模块，使网络可以学习到更细致和高效的特征表示，进而提升模型在图像识别任务中的表现。残差学习的核心在于通过学习输入与输出之间的残差，使网络能够专注于学习更为关键的特征。这一方法不仅提高了特征学习的效率，还增强了模型的表达能力，使其在面对各种复杂的图像识别任务时，都能提供高质量的解决方案。

二、卷积神经网络的应用领域

（一）计算机视觉

CNN 在计算机视觉中的应用包括图像分类、对象追踪、姿态估计 / 行为识别、场景标记等。

1. 图像分类

在大规模数据集上，CNN 展现出了显著的分类准确率，特别是在 2012 年的 ImageNet（用于视觉对象识别软件研究的大型可视化数据库）挑战赛上提出的 AlexNet 网络，使图像分类达到了一个新的高度。

（1）AlexNet 网络的构建。ImageNet 大规模视觉识别挑战赛是一个图片分类的比赛，其训练集包含超过 127 万张图像，验证集和测试集则分别拥有 5 万张和 15 万张图像。2012 年，Krizhevsky 及其团队提出的 AlexNet 网络在该比赛中脱颖而出，取得了错误率仅为 15.3% 的优异成绩。这一成绩标志着深度学习技术在图像分类上的突破，开启了计算机视觉研究的新篇章。

AlexNet 的结构特点之一是采用了 2-GPU 并行结构，这意味着其所有卷积层的模型参数均被分割为两部分进行训练。具体而言，AlexNet 的并行策略分为数据并行与模型并行。数据并行通过在不同的 GPU 上训练相同的模型结构但切分的训练数据，最终将多个模型融合；而模型并行是在不同的 GPU 上使用相同的数据训练不同的模型层，最终将结果连接作为下一层的输入。这种灵活的模型设计不仅提升了训练速度，还为后续的网络设计提供了借鉴。

AlexNet 成功之后，研究者们相继提出了多个改进模型，其中较具代表性的是 ZFNet（深度卷积神经网络）、VGGNet 和 GoogLeNet。ZFNet 通过减小第一层卷积核的尺寸（由 11×11 减为 7×7）和减少卷积层的数量（从 5 层减少至 2 层），在性能上超越了 AlexNet。此外，ZFNet 还扩展了卷积层的尺寸，使得其能够提取出更为丰富和有意义的特征。VGGNet 进一步将网络的深度增加至 19 层，并在每个卷积层中使用了小尺寸的卷积核（3×3），表明网络的深度对于提升性能至关重要。GoogLeNet 在扩展网络的深度与宽度的同时，成功在合理的计算需求下实现了显著的质量提升。

2015 年，GoogLeNet 在 ImageNet 比赛中取得了冠军，其错误率已降至 6.67%。这一成就既展示了深度学习在图像分类领域的巨大潜力，又为后续研究指明了方向 [①]。

（2）DeepID 基于（深度神经网络的面部识别系统）网络结构。DeepID 网络结构将每张输入的人脸表示为一个 160 维的向量，并通过后续模型进行分类。在人脸验证实验中，DeepID 网络在 10000 个类别的分类准确率上达到了 97.45%。此后，CNN 进行了进一步的改进，提出了 DeepID2 模型，分类准确率提升至 99.15%。DeepID 网络的设计遵循了一系列精确的参数设置，以确保其有效性。

输入层。31×39 大小的图片，1 通道。

第一层。卷积层：4×4 大小的卷积核 20 个→得到 20 个 28×36 大小的卷

① 杨博雄，李社蕾，肖衡，等.深度学习理论与实践［M］.北京：北京邮电大学出版社，2020：72.

积特征。最大池化层：2×2 大小的卷积核→池化得到 20 个 14×18 大小的卷积特征。

第二层。卷积层：3×3 大小的卷积核 40 个→得到 40 个 12×16 大小的卷积特征。最大池化层：2×2 大小的卷积核→池化得到 40 个 6×8 大小的卷积特征。

第三层。卷积层：3×3 大小的卷积核 60 个→得到 60 个 4×6 大小的卷积特征。最大池化层：2×2 大小的卷积核→池化得到 60 个 2×3 大小的卷积特征。

第四层。卷积层：2×2 大小的卷积核 80 个→得到 80 个 1×2 大小的卷积特征。

全连接层。以第四层卷积（160 维）和第三层 Max-Pooling 的输出（$60 \times 2 \times 3 = 360$ 维）为全连接层的输入，这样可以学习到局部的和全局的特征。

Softmax 层。输出的每一维都是图片属于该类别的概率。

2. 对象追踪

对象追踪核心任务是实时跟踪动态场景中的特定目标。为了实现高效和准确的对象追踪，成功的关键在于如何有效地表示目标的外观特征。但在实际应用中，对象追踪面临着诸多挑战，包括视角变化、光照变化和目标遮挡等，这些因素可能导致跟踪的效果显著下降。

对象外观的表示直接影响着追踪的性能。在动态环境中，目标的外观会因多种因素而变化，因此，设计一个能够适应这种变化的表征方法尤为重要。随着深度学习技术的发展，基于卷积神经网络的对象追踪方法逐渐成为研究的热点。这类方法通过构建专门的分类网络，使系统能够在复杂背景下有效地识别并追踪目标。

考虑到连续帧之间的相关性，结合时序结构不仅可以提升对对象外观变化的鲁棒性，还能提供更为丰富的动态信息。这种信息有助于捕捉对象的运动趋势，从而提高追踪的准确性和稳定性。在这一过程中，如何有效整合空间与时间特征，以增强对移动对象的理解与表示，是当前研究的重要方向。

3. 姿态估计 / 行为识别

姿态估计 / 行为识别的目标在于分析和理解人体的动态表现。随着卷积神经网络技术的迅猛发展，姿态估计的性能得到了显著提升。通过大规模学习，CNN 能够处理复杂的视觉信息，从而实现对人体姿态的精确估计。

在姿态估计任务中，人体的各个关节位置被看作一个回归问题，这一创新性的视角为传统的姿态估计方法带来了全新的思路。通过构建多层次的 CNN 结构，研究者能够有效地提取出关节坐标的特征表示。这种方式不仅提高了估计的准确性，还增强了对不同人体姿态变化的适应能力。

相较于以往依赖明确设计的图形模型和部分探测器的方法，当前的姿态估计技术更加注重整体视图的构建。通过将整个图像作为输入，模型能够全面捕捉到人体的姿态特征，这种全局性的方法大幅度提升了对复杂场景的理解能力。姿态估计不再是对单一关节的孤立分析，而是强调各关节之间的关系，从而形成更为准确和自然的人体姿态表达。

行为识别作为与姿态估计密切相关的任务，依赖于对姿态的准确估计。通过分析人体在动态过程中的姿态变化，行为识别能够识别出不同的动作和行为模式。结合先进的深度学习技术，行为识别的效果也在持续提升，这为许多应用领域，如安防监控、智能交互和虚拟现实等，提供了强大的技术支持。

4. 场景标记

场景标记（也被称为场景解析、场景语义分割）建立了对深度场景理解的桥梁，其目标是将语义类（路、水、海洋等）与每个像素关联。一般来说，由于尺度、光照以及姿态变化等因素的影响，自然图像中的"事物"像素（汽车、人等）是完全不同的，而"物体"像素（路、海洋等）是非常相似的。因此，图像的场景标记具有挑战性。在这个场景中，CNN 被用来直接从局部图像块中建模像素的类估计，它能够学习强大的特征，以区分局部视觉像素微妙的变化。

（二）自然语言处理

自然语言处理（NLP）作为人工智能领域的重要分支，其核心任务在于使计算机能够理解、生成和处理人类语言。与传统的图像处理不同，NLP 的输入通常以矩阵形式表示，其中每一行对应一个分词元素，通常为单词，也可以是字符。这种矩阵化的表示方式将语言信息转化为数值特征，使机器学习算法能够进行进一步的处理。在 NLP 中，矩阵的每一行都是一个单词的向量表示，这些向量通常采用 Word Embeddings（一种低维度表示）的形式，旨在将词语映射到低维度的连续向量空间中。此外，NLP 任务也可以使用 one-hot 向量表示，基于词在词表中的索引进行编码。以 100 维的词向量为例，若表示一个包含 10 个单词的句子，则得到的输入矩阵为 10×100 维，这样的矩阵实际上相当于一幅图像。

在卷积神经网络的应用中，滤波器的工作方式与图像处理存在显著差异。在计算机视觉任务中，滤波器通常仅对图像的一小部分区域进行操作。但在自然语言处理领域，滤波器往往会覆盖上下几行，即几个词。这意味着滤波器的宽度与输入矩阵的宽度相等。在这种情况下，虽然高度或区域大小可以根据需求进行调整，但通常滑动窗口的覆盖范围设置为 2 ~ 5 行，以便捕捉到句子中不同层次的特征。

在句子分类任务中，CNN 通过设置不同尺寸的滤波器（如 2 行、3 行、4 行）来提取特征。每种尺寸的滤波器都会对句子矩阵执行卷积操作，从而生成不同程度的特征字典。模型对每个特征字典进行最大值池化，记录每个字典的最大值，最终由多个特征字典生成一个单变量特征向量。通过拼接这些特征向量，并将其作为输入传递到网络的倒数第二层，最终在 Softmax 层进行句子分类。

尽管位置不变性和局部组合性在图像处理中较为明显，但在自然语言处理领域并非如此。词语在句子中的位置常常具有重要的语义意义，且相邻的单词不一定总是相关联。在多种语言中，短语之间可能会被许多其他词所隔离。此外，单词的组合方式并不总是显而易见的。虽然词语确实会以特定的方式组合，如形容词修饰名词，但要理解更高层次特征所表达的具体含义并非易事。这一复杂性使得卷积神经网络在处理 NLP 任务时面临挑战。

尽管如此，卷积神经网络在自然语言处理中的应用仍然表现出色，证明了其在某些情况下的有效性。递归神经网络（RNN）作为一种模型，模拟了人类处理语言的方式，强调从左到右的顺序。但这并不意味着 CNN 在 NLP 任务中缺乏效果。实际上，CNN 对许多 NLP 问题的处理表现出色，尽管所有模型都无法完美描述现实，但某些模型能在特定任务中取得显著成果。以词袋模型为例，这一方法虽然基于过于简化的假设，但长期以来仍被广泛应用于 NLP 任务，并取得了令人满意的效果。

CNN 的显著特点在于其高效的计算速度，卷积运算在图像处理中的应用使其在 GPU 硬件层面表现出色。在词典庞大的情况下，超过三元组（n-grams）的计算开销可能非常庞大，甚至 Google（谷歌）的应用中也极少超过五元组的范围。卷积滤波器具有自动学习良好表示方式的能力，这意味着在进行特征提取时不必依赖整个词表。基于此，采用大于五行的滤波器便显得合乎逻辑。许多在 CNN 卷积第一层中学习到的滤波器所捕捉到的特征与n-grams 非常相似，但其表征方式更加紧凑。

（三）语音识别

语音识别是将人类的语言转换为机器可处理的文本的过程。在这个过程中，CNN 作为一种强大的深度学习工具，在语音信号的特征提取与分类方面发挥着重要作用。但要有效地利用 CNN 进行语音处理，一个关键的挑战在于如何将语音特征向量映射为适合 CNN 处理的特征图。在此基础下，输入的"图像"可以被视作一种频谱图，包含静态特征、delta 特征（第一时间导数）及 delta-delta 特征（第二时间导数）。这种频谱图为声音信号提供了时间和频率上的动态信息，使卷积神经网络能够对语音信号进行有效分析。常见的做法是选择一定长度的内容窗口，如 15 帧，以捕捉语音信号的短时特征。这一处理不仅能反映出音频的时域特性，还能展示其频域特性，为后续的深度学习模型提供丰富的信息基础。

在具体的特征图转换过程中，有多种方式可以精确地将语音特征转换为特征图。例如，语音特征可以被表示成多个二维特征图，每个特征图对应不同的 MFSC（磁尔频谱系数）特征信息。

具体来说，静态、delta 和 delta-delta 特征分别沿着频率与时间轴进行分布。在这种情况下，CNN 能够执行二维卷积操作，以同时对频率和时间变化进行正规化处理。这一过程生成了三个独立的二维特征图，每个特征图的维度为 $15 \times 40 = 600$ 维，能够有效捕捉语音信号的时频特征。除了将特征表示为二维特征图，还可以选择仅考虑频率变化，将相同的 MFSC 特征组织为一维特征图。在这种情况下，每一帧的三种特征会被作为一个特征图处理，从而得到 $15 \times 3 = 45$ 个特征图，每个特征图的维度为 40。这种方法虽简化了特征图的结构，但仍然能够有效地捕获音频信号中的重要信息。

第三节　基于卷积神经网络的图像识别模型

一、图像级目标识别模型

在计算机视觉领域，图像识别的关键问题之一是如何处理高分辨率图像中的小目标。传统的 CNN 模型，如 VGG，在处理此类图像时，往往会因为图像缩放而导致关键特征丢失。这一问题在小目标的精确识别和定位任务中表现得尤为明显。在此背景下，研究人员提出了一种创新性的解决方案，即高分辨率小目标网络（HRSN）模型。

（一）HRSN 模型的原理

HRSN 模型的提出旨在解决传统图像缩放过程中小目标信息丢失的难题。通过引入改进的 Grad-CAM 算法，HRSN 不仅能有效地保持图像分类的准确率，还能在视觉上呈现小目标的具体位置。Grad-CAM 是一种用于 CNN 模型的可视化技术，它通过生成热力图，展示模型关注的关键区域。HRSN 模型通过该改进算法，实现了对小目标更为精确的定位和展示，增强了模型对复杂图像场景中小目标的识别能力。

HRSN 模型的核心思想在于如何在高分辨率图像中识别小目标的同时，避免信息的丢失。与传统的 VGG 模型相比，HRSN 模型不仅增强了对小目标位置的捕捉能力，还在处理高分辨率图像时，能够保持较高的识别精度。HRSN 模型的主要优势在于模型能够在图像缩放的过程中，保持对小目标的关键特征的捕捉，避免因图像缩小而导致特征丢失。

HRSN 模型通过对 Grad-CAM 算法的改进，实现了对图像中小目标的更精准识别。Grad-CAM 算法通常用于 CNN 的可视化，它通过计算特定类别对卷积层输出的梯度，生成类别激活图，展示模型对目标物体的关注区域。改进后的 Grad-CAM 算法在 HRSN 模型中，通过更精细的特征提取与定位，能够在图像的热力图上更加准确地展示小目标的位置。这种直观的展示方式不仅使模型能够更加清晰地解释识别过程，还提高了模型对小目标的感知能力。

（二）HRSN 模型的验证

HRSN 模型的优势在医学图像识别中得到了验证。研究者们通过对胸部 X 光影像进行深入分析，采用 HRSN 模型进行肺结核的自动识别，结果显示该模型在图像识别中的准确性高达 83.5%。这一识别准确率不仅优于传统的 VGG 模型，还显示出 HRSN 在处理医学影像时的特殊适应性。

HRSN 模型的成功归功于其在特征提取和分类方面的创新设计。与传统模型相比，HRSN 在结构上进行了优化，通过多层次的卷积和池化操作，有效地捕获了肺部影像中的细微特征。这些细微特征对于肺结核的识别至关重要，因为病变区域往往非常小且容易被忽视。此外，HRSN 还引入了热力图可视化技术，使模型不仅能够进行有效的分类，还能够直观地展示肺部病变区域的位置。这种可视化能力极大地增强了模型的实用性与解释性，能够帮助医生更好地理解模型的识别结果，从而在临床实践中提高决策的准确性。

为了进一步评估 HRSN 模型的适用性，研究者们还对其在 CT（计算机断层扫描）影像上的表现进行了实验测试。这些测试专注于肺部炎症的识别，实验结果显示，HRSN 模型在不同医学图像数据集上的表现都相当出色，具备良好的鲁棒性和迁移能力。在不同的医学影像任务中，HRSN 模型的准确率达到了 78.2%，这一成绩表明其在处理复杂和高分辨率图像时，能够稳定地提供高质量的识别结果。

HRSN 模型的出色表现反映了其在高分辨率和小目标图像识别任务中的优越性能。这不仅意味着 HRSN 能够有效捕捉图像中的细节特征，更显示了其在复杂医学影像数据中的应用潜力。在肺结核等严重疾病的早期筛查和诊断中，HRSN 模型能够快速、准确地识别病变，对患者的治疗和预后具有重要意义[①]。

（三）HRSN 模型的发展

未来，HRSN 模型的进一步发展可以集中在以下方向。

1. 模型的泛化能力提升

在深度学习领域，模型的泛化能力是指其在未见数据上的表现能力，这一指标对于评价模型的实用性和可靠性至关重要。随着 HRSN 模型在医学影像

---

① 贺晋. 基于卷积神经网络的三种粒度的图像识别模型研究［D］. 北京：北京邮电大学，2022：35.

识别等特定任务中的成功应用，研究者们越发关注如何进一步提升该模型的泛化能力，使其在更广泛的应用场景中也能保持良好的表现。为了提高 HRSN 模型的泛化能力，未来的研究可以集中在以下方面：

（1）考虑在更多类型的高分辨率图像数据集上进行测试，以全面评估模型的性能。

这些数据集不仅应包括医学影像，还应涵盖其他领域的高分辨率图像，如遥感影像、卫星图像和自动驾驶系统的视觉数据等。通过在不同应用场景下的验证，研究者可以有效评估 HRSN 模型在多样化数据上的适应能力，进而确定模型在实际应用中的可靠性。

（2）跨领域的应用探索可以为 HRSN 模型的泛化能力提供丰富的实验数据。

在遥感影像分析中，HRSN 模型可以用于土地利用监测、城市扩展分析等任务，而在自动驾驶视觉系统中，模型可以应用于行人检测、交通标志识别等场景。通过在这些领域的应用，HRSN 模型能够接触到不同类型的图像特征和标注方式，这有助于提升模型的泛化能力，使其在未见数据上也能够表现良好。

（3）考虑将数据增强技术与 HRSN 模型结合，进一步提升其泛化能力。

数据增强通过对训练数据进行变换（如旋转、缩放、裁剪等），生成新的训练样本，从而丰富训练集的多样性。这种方法不仅可以增加训练样本的数量，还可以帮助模型学习到更具代表性的特征，减少特定数据集的过拟合现象。结合数据增强，HRSN 模型在处理不同类型的高分辨率图像时，能够更加有效地捕捉特征，从而提升其在未知数据上的表现。

（4）探索模型的集成方法。

通过集成多个不同结构或参数配置的模型，研究者可以充分利用各个模型的优势，从而构建一个更强大的识别系统。集成模型的策略不仅能够提高准确率，还能够提升模型的稳定性，使其在面对不同数据时能够保持一致的表现。

2. 识别精度的提升

随着模型复杂性的增加，计算复杂度也随之上升，这为其在实际应用中的处理速度带来了挑战。尤其是在实时处理场景中，如何高效运算以满足应用需求尤为重要。因此，优化 HRSN 模型的计算效率成为未来研究的一个重要方向。

高计算复杂度通常意味着模型在处理输入数据时所需的时间和资源显著增加，这在实时性要求较高的应用中，可能出现延迟和不稳定的现象。为了应对这一挑战，可以采用多种技术来提高 HRSN 模型的计算效率。其中，模型压缩和剪枝技术是两个主要的策略，它们能够有效地降低模型的复杂性，同时保持其性能。

（1）模型压缩。

模型压缩通过减少模型中的参数数量和存储需求来实现。具体而言，压缩技术可以采用量化、权重共享等方法。例如，权重共享技术通过将多个神经元的权重设定为相同的值，降低了模型的复杂度；量化通过将浮点数权重转换为低精度表示（如整数），以减少存储需求。这些方法的引入不仅能减少模型的内存占用，还能加快模型的推理速度，使其更适合实际应用中的实时处理需求。

（2）剪枝技术。

剪枝技术通过识别和去除网络中冗余的连接或神经元，简化模型结构。这一过程通常包括两个步骤：①通过评估各个神经元或连接的重要性，确定哪些可以被移除；②进行网络重训练，以恢复模型的性能。在这一过程中，剪枝技术帮助保留了模型中最重要的部分，减少了计算量，同时保持了整体的识别精度。通过这种方式，HRSN 模型能够实现更高的运算效率，适应复杂场景下的实时需求。

二、区域级目标识别模型

在计算机视觉领域，区域级识别不仅需要识别图像包含的目标类别，还需要精确地定位目标在图像中的位置。这项任务在自动驾驶、医学影像分析、安防监控等应用场景中至关重要。但区域级目标检测面临的一个主要挑战在于数据标注的完整性。在实际应用中，完整标注的数据集往往难以获得，特别是当标注任务复杂且耗时时，会导致模型训练的困难，进而影响识别精度。为了解决这一问题，研究人员提出了基于不完整标注数据集的 unCL-GAN 模型，通过生成对抗网络的机制，生成完整标注的数据，从而提升目标检测的性能。

（一）unCL-GAN 模型的原理

区域级目标检测的核心在于如何识别并定位目标对象。与图像级目标识别不同，区域级检测需要对图像中的多个对象进行分类，并精确地标注这些对象的位置。传统的目标检测算法依赖于精确的人工标注数据集。但在许多应用场景下，数据集可能是部分标注的，即并非每个图像中的每一个目标都经过了标注。这种不完整的标注数据可能会导致目标检测模型的学习效果大打折扣。

对于区域级检测模型来说，前景与背景的区分是至关重要的。但现有的检测模型在训练过程中，往往要求数据集中的每个对象都经过完整的标注。如果数据标注不完整，模型很可能在训练时忽略掉部分目标，从而导致模型识别效果的下降。这一问题在病理图像等复杂的应用场景中尤为突出，因为病理图像可能包含多种病变区域，且这些区域的标注往往是不完整或不精确的。

针对上述问题，可利用 unCL-GAN 模型，通过生成器生成缺失标注的目标，进而补全不完整的标注数据集。生成对抗网络是由生成器和判别器组成的模型架构。生成器的任务是生成尽可能逼真的数据，而判别器负责判断生成的数据是否与真实数据相匹配。通过这种博弈式的训练，生成器能够逐步提升生成数据的质量，最终生成与真实数据分布相匹配的标注结果。

在 unCL-GAN 模型中，生成器负责生成未标注的目标区域，判别器则用于评估生成的标注是否符合真实标注的分布。通过不断迭代训练，unCL-GAN 模型能够生成与完整标注数据集接近的标注结果，并将其与现有的目标检测模型结合，以提高区域级目标检测的精度。

unCL-GAN 模型的架构包含了两个关键部分：生成器和判别器。

第一，生成器。生成器的任务是根据不完整标注的数据集生成完整的标注信息。在病理图像中，生成器能够根据现有的部分标注，生成缺失的病变区域。生成器通过对抗训练逐渐学习如何补全图像中未标注的部分，使生成的标注能够最大限度地接近真实标注。

第二，判别器。判别器用于评估生成器生成的标注信息是否合理。它通过对比生成的标注与真实的标注，来判断生成器生成的标注是否符合数据集的分布。在训练过程中，判别器不断提升对假标注的识别能力，促使生成器生成更为精确的标注。

生成器和判别器的博弈过程使 unCL-GAN 模型能够在不完整标注数据的条件下，生成逼真的完整标注数据集，解决了传统目标检测模型对完整标注数据的依赖问题。

（二）unCL-GAN 模型的验证

为了验证 unCL-GAN 模型的有效性，研究者对不完整标注的病理图像数据集进行了实验测试。病理图像数据集中的标注往往是部分完成的，尤其是在包含多个病变区域的情况下，标注工作复杂且容易遗漏。通过使用 unCL-GAN 模型生成完整的标注数据，研究者将生成的数据与现有的 Faster R-CNN、YOLO 等目标检测模型相结合，进行了模型训练和测试。实验结果显示，un-CL-GAN 模型在处理不完整标注数据时，能够显著提高目标检测模型的识别精度。在部分标注的数据集上，unCL-GAN 模型生成的完整标注数据使得检测模型的准确率接近于使用完整标注数据的水平。在一组实验中，研究者分别使用了标注 70% 和 50% 的数据集进行测试，通过 unCL-GAN 模型的处理，最终的识别准确率分别达到了 80.9% 和 75.7%，这一结果表明，unCL-GAN 模型能够有效弥补数据标注的不完整性，提升目标检测的性能[①]。

unCL-GAN 模型的提出为解决数据标注不完整的问题提供了全新的思路。在实际应用中，数据标注往往是费时费力的，尤其是当涉及大量图像的复杂任务时，不可能对每一张图像中的每一个目标进行精确的标注。unCL-GAN 模型通过生成对抗网络的机制，生成了缺失的标注信息，从而有效地减少了对人工标注的依赖。这种技术不仅适用于医学影像中的目标检测，还适用于其他需要区域级目标识别的场景，如自动驾驶中的行人检测、安防监控中的异常行为识别等。在这些应用场景中，数据标注的不完整性同样是常见的问题，而 unCL-GAN 模型能够通过生成完整标注数据集，提升模型的识别能力。

（三）unCL-GAN 模型的发展

虽然 unCL-GAN 模型在不完整标注数据的处理上取得了显著的进展，但未来仍有多个方向可以进一步研究和优化。

1. 生成器的精度优化

生成器是 unCL-GAN 模型中至关重要的组成部分，负责生成与真实标注数据尽可能一致的虚假标注。虽然现有的 unCL-GAN 模型已经能够生成较为逼真的标注数据，但在某些复杂场景中，生成器的输出仍可能存在偏差。这种

---

① 贺晋 . 基于卷积神经网络的三种粒度的图像识别模型研究 ［D］. 北京：北京邮电大学，2022：43.

偏差会影响到生成的数据质量，从而影响后续任务的准确性。因此，未来的研究可以集中在优化生成器的架构上，以提高其生成标注的精确度。

为实现这一目标，研究者可以尝试引入更为复杂的网络结构，如更深层次的卷积神经网络、残差网络或注意力机制，以增强生成器捕捉特征的能力。此外，还可以探索使用更先进的损失函数，使生成器在训练过程中能够更好地学习到真实数据的分布特征，进一步提升生成标注的真实感和精确度。在处理特定领域的图像数据时，研究者还可以考虑对生成器进行针对性训练，以适应不同类型的输入数据，从而实现更高的生成精度。

2. 判别器的改进

在 unCL-GAN 模型中，判别器的主要任务是区分真实标注和生成的虚假标注。判别器的判断能力直接影响生成器的训练效果，因此其优化同样不可忽视。未来的研究可以集中在改进判别器的结构上，以提高其对不同标注数据的识别能力。

例如，可以考虑引入多尺度判别器，这一机制通过在不同尺度上进行特征提取和判断，能够增强判别器对目标的识别能力，尤其是在处理不同大小或不同特征的标注数据时。多尺度判别器通过结合多个尺度的信息，能够提高对细节的捕捉能力，使得判别器在训练过程中对生成器的反馈更为精准。此外，增加判别器的深度和复杂性，利用更丰富的特征学习方式，可以进一步提升其识别的准确性。

三、像素级目标识别模型

在计算机视觉的诸多任务中，像素级目标识别要求模型对图像中的每一个像素进行分类，并准确区分出目标与背景。这类任务通常应用于医学影像分析、遥感图像处理等领域，在这些场景下，细节的识别精度至关重要。像素级识别不仅要求模型具有极高的计算能力，还要求其在资源受限的情况下实现精确的分类，这对模型的架构设计提出了极大的挑战。针对这些需求，研究者提出了 NNI-Net（网络对网络接口）模型，该模型基于经典的 U-Net（语义分割网络）结构，并结合生成对抗网络技术，通过自定义的上采样层捕获图像中的细节特征，大幅提升了像素级识别的精度。

像素级目标识别，通常也被称为语义分割，是计算机视觉的一项复杂任务。它不仅要求模型能够识别出目标对象，还要求其精确标注目标的边界，并将图像中的每个像素分配给特定类别。相比于图像级或区域级的识别任务，像素级识别对模型的计算资源、数据处理能力以及细节捕捉能力提出了更高的要求。在像素级识别任务中，传统的卷积神经网络结构由于池化操作导致的空间信息丢失，往往难以捕捉到图像中的细节信息，尤其是在目标对象边缘处，模型的表现通常不够理想。为此，研究者们提出了多种改进方案，以提升模型的细节捕捉能力，并保证在高分辨率图像中的识别效果。

（一）NNI-Net 模型的原理

为了更好地解决像素级目标识别中的细节捕捉问题，研究人员基于 U-Net 结构，提出了 NNI-Net 模型。U-Net 作为一种经典的卷积神经网络结构，专为语义分割任务设计，其最大的特点是通过跳跃连接保留了图像的空间信息。在 U-Net 的基础上，NNI-Net 引入了生成对抗网络的机制，通过对抗训练进一步提升模型的识别能力，具体如下：

第一，U-Net 结构的特点。U-Net 由编码器和解码器两部分组成。编码器负责下采样图像特征，提取高层次的语义信息；而解码器通过上采样操作恢复图像的空间分辨率，并通过跳跃连接将编码器中的低层次特征与解码器的高层次特征相结合，从而确保模型能够在恢复高分辨率图像的同时，保留目标对象的细节特征。这种设计使得 U-Net 在语义分割任务中表现出色，特别是在医学影像处理领域，U-Net 已被广泛应用。

第二，生成对抗网络的引入。NNI-Net 通过引入生成对抗网络（GAN）的机制，进一步提升了像素级识别的精度。GAN 由生成器和判别器组成，其中生成器负责生成逼真的目标分割结果，而判别器用于判断生成的结果是否与真实数据相符。在对抗训练过程中，生成器不断改进其输出，以欺骗判别器，从而提升分割结果的质量。这种对抗机制能够帮助 NNI-Net 模型在细节识别和边界处理上表现得更加出色，尤其在处理复杂形状和小目标时，GAN 的引入显著提升了模型的细节捕捉能力。

第三，自定义的上采样层。为了进一步提高模型在像素级识别中的表现，NNI-Net 模型中加入了自定义的上采样层。传统的上采样操作通常采用插值法或反卷积操作，这些方法在处理细节信息时往往存在一定的局限性。NNI-Net 中的自定义上采样层通过更精细的特征映射方式，能够更好地捕捉目标对象的边缘和细节特征，从而提高像素级分类的精确度。

（二）NNI-Net 模型的验证

为了验证 NNI-Net 模型在像素级目标识别中的性能，研究者进行了多项实验，分别在视网膜血管识别和肺部轮廓识别任务中对模型进行测试。这两个任务都是典型的医学影像分割任务，要求对图像中的每一个像素进行精确分类，并区分目标对象（如血管或肺部轮廓）与背景。

第一，视网膜血管识别实验。在视网膜血管识别任务中，NNI-Net 模型需要精确分割出图像中的血管网络。由于视网膜图像中血管的形状复杂且细微，传统的分割模型往往难以准确识别所有血管，特别是在血管的分支处。实验结果表明，NNI-Net 模型通过 U-Net 和 GAN 的结合，能够更好地处理这些复杂的细节，最终取得了高达 0.963 的 Dice 系数。Dice 系数是一种常用的分割评价指标，数值越接近 1，表示模型的分割效果越好。0.963 的 Dice 系数证明了 NNI-Net 在复杂细节处理中的优越性。

第二，肺部轮廓识别实验。在肺部轮廓识别任务中，NNI-Net 模型的目标是准确分割出肺部的边界。在医学影像中，肺部轮廓的分割对肺部疾病的诊断具有重要意义，在肺部 CT 影像中，精确的分割结果有助于医生更好地判断病灶区域的分布。实验结果显示，NNI-Net 模型在肺部轮廓分割中表现出了极高的准确率，最终取得了 0.973 的 Dice 系数，进一步证明了其在医学影像分割中的应用潜力。

（三）NNI-Net 模型的发展

NNI-Net 模型的提出标志着像素级目标识别技术的重要突破。通过将 U-Net 与生成对抗网络相结合，并引入自定义的上采样层，NNI-Net 模型在处理细节复杂的分割任务中表现出色，尤其在医学影像处理领域展示了巨大的应用潜力。未来，NNI-Net 模型的进一步发展可以集中在以下方向：

第一，跨领域应用。虽然 NNI-Net 模型在医学影像中的表现尤为出色，但其潜力并不仅限于此。未来，NNI-Net 可以扩展到其他需要精细分割的领域，如遥感图像处理、自动驾驶中的道路标线识别等。这些任务同样需要对图像中的每个像素进行精确分类，而 NNI-Net 在细节处理上的优势将有助于提升这些领域的技术水平。

第二，计算效率的优化。NNI–Net模型虽然在识别精度上取得了显著进展，但其计算资源消耗较大。未来的研究可以通过模型压缩、剪枝等技术，提高模型的计算效率，减少对硬件资源的依赖，从而提高模型在实际应用中的可行性。

第三，自监督学习与迁移学习的结合。为了减少对大量标注数据的依赖，NNI–Net模型可以结合自监督学习或迁移学习技术。这些技术能够帮助模型从未标注数据中学习到有用的特征，进一步提升模型的泛化能力。此外，迁移学习技术还可以帮助NNI–Net模型在不同任务之间实现知识的迁移，从而减少训练时间，提升模型在不同领域的适应性。

第四章
循环神经网络与图像识别

第一节 循环神经网络结构与训练

循环神经网络（RNN）作为一种专为序列数据处理设计的神经网络架构，其核心在于接受序列形式的数据信息作为输入，并沿着时间序列的演进方向，对所有循环单元进行递归操作，以此构建出一种链式连接的闭合回路结构。这一特性使得 RNN 在处理具有时间维度依赖性的数据方面展现出独特的优势，与擅长空间特征提取的卷积神经网络形成鲜明对比。CNN 在处理图像、视频等空间数据方面表现出色，而 RNN 更适用于处理人体动作识别、自然语言处理及语音识别等与时序密切相关的复杂任务。

为了进一步提升 RNN 在处理时序数据上的能力，研究者们提出了两种重要的改进形式：双向循环神经网络（BRNN）和长短期记忆网络（LSTM）。BRNN 通过引入双向信息传递机制，能够同时捕捉序列的前向和后向上下文信息，从而更全面地理解序列数据的整体结构。这一特性使得 BRNN 在处理需要综合考虑前后文信息的任务时，如自然语言理解、语音识别等，表现出更高的准确性。LSTM 则针对 RNN 在处理长时序序列时可能遇到的梯度爆炸或梯度消失问题，设计了一种特殊的记忆单元结构。该结构通过引入输入门、遗忘门和输出门等控制机制，能够有效调节信息的流入、流出和存储，从而实现了对长期依赖关系的有效捕捉和记忆，显著提高了 RNN 在处理长时序序列数据时的稳定性和性能。

传统神经网络，如多层感知机（MLP），主要通过全连接的方式将输入层、隐含层和输出层连接起来。但这种网络结构中的隐含层节点之间是相互独立的，没有直接的连接关系。这种设计在处理具有时间关联性的数据（如语音、文本和视频等）时，显得力不从心。因为传统神经网络无法有效地将时间序列中的信息连接起来，从而难以捕捉数据中的时序依赖关系。随着 RNN 的提出和发展，这一难题得到了有效的解决。RNN 通过引入定向循环机制将隐含层之间的节点连接起来，形成了一个具有时间记忆功能的网络结构。在 RNN 中，某一时刻 t 的隐含层输入不仅依赖于当前时刻 t 的输入信息，还依赖于前一时刻 $t-1$ 的隐含层状态。这种设计使 RNN 能够将整个时间序列的信息连接起来，形成一个连续的、具有时间记忆的网络。通过在网络中引入这种定向循环，RNN 发挥了在相邻节点之间传递信息的功能，使信息能够在网络中流动并传递到下一层，从而赋予了网络记忆能力。

RNN 的记忆功能在处理具有时间关联性的学习任务时尤为重要。例如，在自然语言处理任务中，RNN 可以捕捉句子中单词之间的时序依赖关系，从而理解句子的整体语义；在语音识别任务中，RNN 可以捕捉语音信号中的时序特征，从而准确识别语音内容；在人体动作识别任务中，RNN 可以捕捉动作序列中的时间变化模式，从而实现对人体动作的准确识别。

总之，RNN 通过引入定向循环机制实现了对时间序列数据的有效处理，其改进形式 BRNN 和 LSTM 进一步提升了 RNN 在处理复杂时序任务时的性能。这些特性使得 RNN 在语音识别、自然语言处理、人体动作识别等具有时间关联性的学习任务中展现出了巨大的潜力和应用价值。随着深度学习技术的不断发展和完善，RNN 及其改进形式将在更多领域发挥重要作用，为人工智能技术的发展和应用提供有力的支持。

一、循环神经网络的结构

典型的 RNN 结构如图 4-1 所示，左边为 RNN 的理论形式，右边为 RNN 在时间维度上的展开形式。

图 4-1 中，x 为网络的输入，y 为输出，h 为隐含层的输出，U 为输入层与隐含层的连接权重，W 为隐含层之间的连接权重，V 为隐含层与输出层的连接权重，U、W、V 在每一时刻都是相同的，RNN 的传播过程可用如下公式表示：

$$h_t = f(Ux_t + Wh_{t-1} + b_h) \tag{4-1}$$

$$y_t = \text{Softmax}(Vh_t + b_y) \tag{4-2}$$

式中：U、W、V——RNN 需要学习的参数；f——非线性激活函数；h_{t-1}——$t-1$ 时刻隐含层的状态；b_h、b_y——偏置项。

由上两式可知，t 时刻隐含层的输出不仅与 t 时刻的输入有关，还与 $t-1$ 时刻隐含层的输出有关，而 $t-1$ 时刻隐含层的输出又与 $t-1$ 时刻的输入有关。由此可知，t 时刻隐含层的输出与之前所有时刻的输入有关。

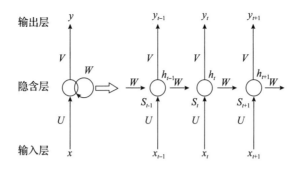

图 4-1 典型的 RNN 结构 [①]

二、循环神经网络的训练算法

循环神经网络的训练算法主要依赖基于时间的反向传播算法（BPTT）。这一算法的核心思想在于，通过将 RNN 在时间维度上展开，使网络的结构能够反映出时间序列数据的特性。在展开后的 RNN 中，前向传播（FP）过程遵循时间的顺序，依次计算每个时间步的输出。具体而言，前向传播从初始时间步开始，根据当前输入和前一时间步的隐藏状态，计算当前时间步的隐藏状态和输出，这一过程直至达到序列的末尾。

反向传播过程则与普通神经网络（FNN）的反向传播过程有一定的相似性，但也存在显著的差异。在 RNN 中，反向传播从序列的最后一个时间步开始，向后传递累积的损失。在这一过程中，需要计算每个时间步的梯度，并据此更新网络中的权重。由于 RNN 在时间维度上的展开，反向传播过程中涉及的梯度计算变得更为复杂，需要考虑时间步之间的依赖关系。因此，BPTT 算法不仅要计算当前时间步的梯度，还要追踪和累积之前时间步的梯度信息，以

确保整个网络的权重能够得到正确的更新。

（一）反向传播算法的原理

反向传播算法作为神经网络训练过程中的核心机制，其基本原理与经典的BP算法一脉相承，旨在通过梯度下降法或其他优化算法，迭代调整网络权重，以最小化输出值与期望目标之间的误差。这一过程可细致划分为以下三个关键步骤。

1. 前向传播阶段

在前向传播阶段，算法按照从输入层到输出层的顺序，依次计算网络中各神经元的激活值。具体而言，输入数据首先被送入网络的输入层，随后，根据当前权重和激活函数，逐层计算隐藏层和输出层神经元的激活值，直至最终得到网络的输出值。这一过程体现了神经网络对输入数据的处理能力和模式识别能力。

2. 误差项计算阶段

在获得网络输出值后，算法需计算每个神经元的误差项值，即损失函数对该神经元加权输入的偏导数。误差项值反映了网络输出与实际目标之间的偏差程度，是指导权重调整的重要依据。在反向传播算法中，误差项值从输出层开始，逐层反向传播至输入层，每一层的误差项值都依赖于其后一层神经元的误差项值和连接权重。这一过程体现了算法对误差信息的有效传递和处理能力。

3. 权重梯度计算与更新阶段

在得到每个神经元的误差项值后，算法进一步计算每个权重的梯度，即损失函数对权重的偏导数。梯度值指示了权重调整的方向和幅度，是优化算法迭代调整权重的基础。最后，算法根据计算得到的梯度值，采用如随机梯度下降、Adam 等优化算法，对权重进行更新，以减小网络输出与期望目标之间的误差。

BPTT 算法作为反向传播算法在时间序列数据上的扩展，其思路与 BP 算法相同，即通过优化权重参数，按照梯度值寻求损失函数的最优点。但 BPTT 算法在处理时间序列数据时，需将 RNN 在时间维度上展开，使每个时间步的权重共享，并考虑时间步之间的依赖关系。因此，BPTT 算法在计算梯度时，需考虑时间步之间的梯度累积和传递，这增加了算法的计算复杂性和内存需求。尽管如此，BPTT 算法仍因其在处理时间序列数据方面的独特优势，在语音识别、自然语言处理等领域得到了广泛应用。

（二）反向传播算法的步骤

1. 前向计算

计算隐含层 S 以及它的矩阵形式公式如下：

$$S_t = f(vx_t + ws_{t-1}) \tag{4-3}$$

$$\begin{pmatrix} S_1^t \\ \vdots \\ S_i^t \\ \vdots \\ S_n^t \end{pmatrix} = f \left\{ \begin{bmatrix} u_{11} & \cdots & u_{1m} \\ \vdots & \vdots & \vdots \\ u_{n1} & \cdots & u_{nm} \end{bmatrix} \begin{pmatrix} x_1^t \\ \vdots \\ x_m^t \end{pmatrix} + \begin{bmatrix} w_{11} & \cdots & w_{1m} \\ \vdots & \vdots & \vdots \\ w_{n1} & \cdots & w_{nm} \end{bmatrix} \begin{pmatrix} S_1^{t-1} \\ \vdots \\ x_n^{t-1} \end{pmatrix} \right\} \tag{4-4}$$

在式（4-3）和式（4-4）中，S_t 和 x_t 的右下标表示各变量的维度，S 的下标表示这个向量的第几个元素，上标代表时刻。

2. 误差项计算

BPTT 算法是把某一时刻的误差值，沿时间线和网络结构层方向同时传播。按照时间线，就是传递到初始时刻，且只与权重矩阵 W 有关。按照网络结构层线就是传递到上一层网络，如图 4-2 所示。

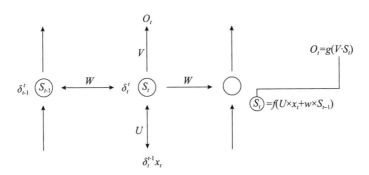

图 4-2　BPTT 算法图示

所以，就是要求这两个方向的误差项的公式，将误差项沿时间反向传播可求得任意时刻 k 的误差项：

$$\begin{aligned} \delta_K^T &= \frac{\partial E}{\partial net_k} \\ &= \frac{\partial E}{\partial net_t} \frac{\partial net_t}{\partial net_k} \\ &= \frac{\partial E}{\partial net_t} \frac{\partial net_t}{\partial net_{t-1}} \frac{\partial net_{t-1}}{\partial net_{t-2}} \cdots \frac{\partial net_{k+1}}{\partial net_k} \\ &= W \mathrm{diag}^l [f^l(net_{t-1})] W \mathrm{diag} [f^l(net_{t-2})] \cdots W \mathrm{diag} [f^l(net_k)] \delta_t^l \end{aligned}$$

$$=\delta_t^T \prod_{i=k}^{t-1} W\text{diag}\left[f^l(net_i)\right] \quad (4\text{-}5)$$

用向量 net_j 表示神经元在 t 时刻的加权输入：

$$net_j = U_{x_t} + W_{S_{t-1}} \quad (4\text{-}6)$$

$$S_{t-1} = f(net_{t-1}) \quad (4\text{-}7)$$

可以得到：

$$\frac{\partial net_t}{\partial net_{t-1}} = \frac{\partial net_t}{\partial s_{t-1}} \frac{\partial s_{t-1}}{\partial net_{t-1}}$$

$$\frac{\partial net_t}{\partial s_{t-1}} = W \quad (4\text{-}8)$$

第二项是一个雅可比矩阵：

$$\frac{\partial s_{t-1}}{\partial net_{t-1}} = \begin{bmatrix} \dfrac{\partial s_1^{t-1}}{\partial net_1^{t-1}} & \dfrac{\partial s_1^{t-1}}{\partial net_2^{t-1}} & \cdots & \dfrac{\partial s_1^{t-1}}{\partial net_n^{t-1}} \\ \dfrac{\partial s_2^{t-1}}{\partial net_1^{t-1}} & \dfrac{\partial s_2^{t-1}}{\partial net_2^{t-1}} & \cdots & \dfrac{\partial s_2^{t-1}}{\partial net_n^{t-1}} \\ \vdots & \vdots & \vdots & \vdots \\ \dfrac{\partial s_n^{t-1}}{\partial net_1^{t-1}} & \dfrac{\partial s_n^{t-1}}{\partial net_2^{t-1}} & \cdots & \dfrac{\partial s_n^{t-1}}{\partial net_n^{t-1}} \end{bmatrix}$$

$$= \begin{bmatrix} f^l(net_1^{t-1}) & 0 & \cdots & 0 \\ 0 & f^l(net_2^{t-1}) & 0 & 0 \\ 0 & 0 & \cdots & 0 \\ 0 & 0 & \cdots & f^l(net_n^{t-1}) \end{bmatrix} \quad (4\text{-}9)$$

$$= diag\left[f^l(net_{t-1})\right]$$

最后，将两项合在一起，可得：

$$\frac{\partial net_t}{\partial net_{t-1}} = \frac{\partial net_t}{\partial s_{t-1}} \frac{\partial s_{t-1}}{\partial net_{t-1}} = W\text{diag}\left[f^l(net_{t-1})\right] \quad (4\text{-}10)$$

式（4-10）中，对于任意时刻 k 的误差项 δ_K，可以根据 δ 沿时间向前传递一个时刻的规律求得：

$$\delta_K^T = \frac{\partial E}{\partial net_k} = \frac{\partial E}{\partial net_t} \frac{\partial net_t}{\partial net_{t-1}} \frac{\partial net_{t-1}}{\partial net_{t-2}} \cdots \frac{\partial net_{k+1}}{\partial net_k}$$

$$= \delta_t^T W\text{diag}\left[f^l(net_{t-1})\right] W\text{diag}\left[f^l(net_{t-2})\right] \cdots W\text{diag}\left[f^l(net_k)\right] \quad (4\text{-}11)$$

$$= \delta_t^T \prod_{t-1}^{i=k} W\text{diag}\left[f^l(net_i)\right]$$

如式（4-11）所示，按照时间反向传播的算法可得误差项。

循环层与普通全连接层相同，把误差项反向传递到上一层。循环层的加权输入 net^l 与上一层的加权输入 net^{l-1} 的关系如下：

$$net_t^l = U a_t^{l-1} + W s_{t-1} \qquad (4-12)$$

$$a_t^{l-1} = f^{l-1}(net_t^{l-1}) \qquad (4-13)$$

式中：t 时刻的 net^l——第 1 层神经元的加权输入；t 时刻的 net^{l-1}——第 $l-1$ 层神经元的加权输入；a_t^{l-1}——第 $l-1$ 层神经元的输出；f——激活函数。

所以可以得到如下结论：

$$\frac{\partial net_t^l}{\partial net_t^{l-1}} = \frac{\partial net_t^l}{\partial a_t^{l-1}} \frac{\partial a_t^{l-1}}{\partial net_t^{l-1}} = U \times \text{diag}\left[f^{l-1}(net_t^{l-1})\right] \qquad (4-14)$$

$$\delta_t^{l-1} = \frac{\partial E}{\partial net_t^{l-1}} = \frac{\partial E}{\partial net_t^l} \frac{\partial net_t^l}{\partial net_t^{l-1}} = \delta_l^t \times U \times \text{diag}\left[f^{l-1}(net_t^{l-1})\right] \qquad (4-15)$$

第二节　基于循环神经网络的图像去雨算法

一、雨的物理性质以及去雨方法

（一）雨的物理性质

在自然界中，雨滴在下落过程中会受到多种物理因素的共同影响，从而导致其形态发生显著变化。这些影响因素包括但不限于表面张力、静水压力、环境光照以及气压等。这些因素以复杂而微妙的方式相互作用，共同塑造了雨滴在下落过程中的动态形态。

表面张力是雨滴保持其球形形态的主要力量之一，然而，在强风、温度变化或与其他雨滴碰撞等条件下，表面张力可能会受到干扰，导致雨滴形态发生扭曲或变形。静水压力则与雨滴内部的压力分布密切相关，它影响着雨滴的密度和稳定性，进而影响其在下落过程中的形态变化。

环境光照同样对雨滴的形态产生重要影响。在强烈的光照条件下，雨滴内部的光线折射和反射现象会变得更加复杂，导致雨滴呈现出不同的亮度和方向性特征。这些特征在观测图片中表现为雨滴形态的扭曲和变形，从而增加了背景目标或景物的识别难度。

气压是影响雨滴形态变化的重要因素之一。随着气压的变化，雨滴内部的压力平衡状态也会发生相应的调整，进而导致其形态发生变化。这种变化在观测图片中可能表现为雨滴的拉伸、压缩或扭曲等形态。

1. 雨的几何性质

把小雨滴的形状描述为球形，表示为

$$r(\theta)=a\left(1+\sum_{10}^{n=1}c_n\cos(n\theta)\right) \tag{4-16}$$

式中：a——未变形球体的半径；c_n——取决于雨滴半径的雨滴形状系数；θ——海拔的极角，$\theta=0$ 表示降雨的角，$r(\theta)$ 表示在 θ 方向上的极半径。

当雨滴落下时，它达到一个恒定的速度，称为末速。雨的末速度 v（m/s）和它直径 d（mm）的关系如下：

$$v_0=-0.2+5d-0.9d^2+0.1d^3$$
$$v=v_0(\rho_0/\rho)^{0.4} \tag{4-17}$$

式中：ρ——在雨滴位置的空气密度。

ρ_0 和 v_0 是在 1013mb（气压高度）的大气条件下得到的。尽管强风会改变雨落的轨迹，但在限定的视频帧或图像视野内，所捕获到的雨条纹方向却几乎保持一致。

2. 雨的亮度特征

雨滴在光学领域可以被视为一种独特的光学透镜，它具有折射和反射光线的特性。当雨滴穿过图像传感器的一个像素时，其光学特性导致光线在经过雨滴内部时发生折射和反射，从而改变了光线的传播路径。这一变化进而影响了光线的强度和方向，使雨滴对应的图像强度相较于背景区域呈现出更亮的状态。

具体而言，当光线穿过雨滴时，部分光线会被折射到不同的方向，而另一部分光线会在雨滴内部发生多次反射。这些折射和反射的光线在离开雨滴后会向不同的方向传播，从而增加了该像素接收到的光线总量。因此，在图像中，雨滴所对应的像素通常会比周围背景区域更加明亮。

当雨滴穿过一个像素时，它的对应图像 I_r 成像过程可以表示成：

$$I_r(x,y)=\int_0^\tau E_r(x,y)\,\mathrm{d}t+\int_\tau^T E_b(x,y)\,\mathrm{d}t \tag{4-18}$$

式中：τ——雨滴映射在位置（x,y）上的时间；T——相机的曝光时间；E_r——雨滴引起的反射；E_b——背景的平均折射。

3. 雨的光谱特征

在探讨雨的光谱特征时，需要关注其在不同颜色通道上的亮度表现。在红色（R）、绿色（G）、蓝色（B）这三个基本颜色通道上，雨的亮度强度与背景环境之间存在着密切的关联。

当雨滴自空中下落时，它们会经历一个复杂的光学过程，包括光线的吸收、反射和折射。这些光线来源于不同的方向，当它们穿过雨滴时，会受到雨滴内部精细结构（如水滴的形状、内部的微小气泡和杂质等）及外部环境因素（如空气湿度、温度等）的共同作用。这种作用导致雨滴在 R、G、B 三个颜色通道上呈现出各异的亮度响应模式。这种亮度响应的变化不是孤立存在的，而是与雨滴自身的物理特性紧密相关。这些物理特性涵盖了雨滴的大小（直径）、形状（是否规则）、下落速度及雨滴内部的微观结构等。同时，背景环境的亮度分布和色彩构成也会对雨滴的亮度响应产生显著影响。例如，当背景环境亮度较高时，雨滴可能反射更多的光线，从而在颜色通道上表现出更高的亮度值；反之，当背景环境较暗时，雨滴的亮度响应也会相应减弱。

人们观察到 R、G、B 三种颜色光的视野（FOVs）在一般情况下大致保持在 165°。这一特点赋予了雨滴在捕捉光线时较宽的视角范围，使雨滴能够更全面地接收并反映背景环境的亮度变化。由于不同颜色光线的波长和频率存在差异，它们在雨滴中的传播路径和折射角度也会有所不同。这种差异进一步增加了雨的光谱特性的复杂性，使雨滴在 R、G、B 三个颜色通道上的亮度表现呈现出更加丰富的变化模式。

4. 雨的时空特征

雨滴在空间中随机分布并高速移动所带来的复杂影响，不仅导致视频中的像素强度值随空间和时间发生显著波动，还使得每一帧特定位置的像素并不总是被雨滴所覆盖。因此，对于静止摄像机捕捉的静止场景视频而言，雨的时空特征对像素强度值的影响尤为显著。

具体而言，当雨滴以随机且高速的方式穿过视频帧时，它们会吸收、反射和折射光线，从而影响像素的强度值。由于雨滴的随机分布和高速移动，每一帧特定位置的像素强度值都会发生波动。这种波动不仅体现在空间上，即不同位置的像素强度值存在差异；还体现在时间上，即同一位置的像素强度值在不同帧之间也会发生变化。

95

进一步观察发现，当某个像素被雨滴覆盖时，其强度直方图往往会呈现两个明显的峰值：一个峰值对应于背景强度分布，即在没有雨滴覆盖时该像素的强度值；另一个峰值则对应于雨强度分布，即雨滴覆盖该像素所引起的强度值变化。这两个峰值的出现反映了雨滴对像素强度值的显著影响。

但并非所有像素都会受到雨滴的覆盖。在整个视频中，那些没有被雨滴覆盖的像素的强度直方图只呈现一个峰值，即背景强度分布的峰值。因此，我们可以通过分析像素强度直方图来识别哪些像素受到了雨滴的影响，哪些像素则保持原始背景强度。

此外，雨的时空特征还对视频处理和分析技术提出了新的挑战。例如，在视频去雨算法中，需要准确识别并去除雨滴对像素强度值的影响，以恢复原始背景图像。这要求算法能够充分考虑雨滴的随机分布、高速移动以及不同颜色通道上的亮度变化等复杂因素。

（二）视频去雨方法

在视频处理领域，去除雨水影响是一个长期存在的挑战。早期，研究者们尝试通过直接增加曝光时间或降低相机的景深来减少甚至去除雨水的影响，同时保持视频场景的不变性。但这种方法存在显著的局限性。在暴雨天气或快速移动物体接近相机的情况下，该方法往往无法有效去除雨水，导致视频质量大幅下降。此外，当视频本身质量较高，没有显著性能下降时，调整摄像机设置以去除雨水的方法显得不切实际。

为了更有效地解决视频去雨问题，研究者们开始探索基于算法的解决方案。在过去，针对静态和动态场景的视频去雨算法已经取得了显著的进展。这些算法主要聚焦于雨条纹的内在属性，通过深入分析其特性来设计有效的去雨策略。具体而言，这些算法可以分为四大类：基于时域的算法、基于频域的算法、基于低秩和稀疏性的算法以及基于深度学习的算法。前三种算法主要遵循手工设计的方法，通过构建雨的模型来模拟其动态特性。这些模型驱动的方法通常依赖于对雨条纹的深入理解和分析，从而设计出能够准确去除雨水的算法。

基于时域的算法通过分析视频帧之间的时间相关性来识别并去除雨水。它们利用雨滴在连续帧中的运动轨迹和形态变化来构建模型，进而实现雨水的有效去除。但这种方法在处理快速移动的雨滴或复杂背景时可能会遇到困难。

基于频域的算法将视频信号转换到频域进行分析。它们利用雨滴在频域中的特定特征来区分雨水和背景信息，从而实现雨水的去除。这种方法在处理静态背景的视频时效果较好，但在处理动态背景或复杂场景时可能面临挑战。

基于低秩和稀疏性的算法则利用矩阵分解的思想来去除雨水。它们将视频帧视为矩阵，通过分解得到低秩和稀疏成分，其中稀疏成分通常对应雨水信息。但这种方法在处理大雨滴或高密度雨滴时可能效果不佳。

近年来，随着深度学习技术的快速发展，基于深度学习的视频去雨算法逐渐成为研究热点。这些算法遵循数据驱动的方式，通过预先收集的训练数据（雨图/干净背景图）自动学习特征。它们利用深度神经网络强大的学习能力来捕捉雨滴和背景之间的复杂关系，从而实现更精确的去雨效果。与传统的模型驱动方法相比，基于深度学习的算法在处理复杂场景和多种类型的雨滴时表现出更强的适应性与鲁棒性。

1. 视频去雨的时域方法

在视频处理与分析的广阔领域，去除雨水影响是一项既具挑战性又极具实践意义的研究课题。时域方法作为视频去雨技术的重要组成部分，通过捕捉并分析视频帧间的时间关联性，为去除雨水提供了有效的解决方案。本节将深入剖析时域方法的基本原理、技术演进及当前研究动态，旨在为相关领域的研究与实践提供有价值的洞见。

早期的研究聚焦于对雨滴在成像系统中的视觉效应进行综合考察。雨滴下落时会在视频帧内形成清晰的雨条纹，这些条纹不仅破坏了图像的清晰度，还严重影响了视觉体验。在此基础上，一种创新的视频降雨检测与去除算法应运而生。该算法巧妙利用时空相关模型，准确捕捉降雨的动态特征，同时结合基于物理的运动模糊模型，深入解析雨的光学特性。这一算法假设雨滴对单帧图像的影响是独立的，因此通过连续帧之间的差异分析，可有效去除雨条纹。这一开创性成果为后续时域方法的发展奠定了坚实的理论基础。

随着研究的不断推进，研究者们开始关注雨的时间和颜色属性，以期进一步提升雨的检测精度。一种结合这些特性的方法利用 K 均值聚类技术，对视频中的背景和雨条纹进行精确识别。该方法在处理小雨、大雨以及雨的对焦/散焦状态方面均展现出良好的性能。但由于背景图像是通过多个时间帧的平均值计算得出的，这在一定程度上导致了图像的模糊，影响了去雨效果。

　　为了克服这一难题，研究者们提出了基于卡尔曼滤波器的递归去雨方法，该方法通过估计像素强度，实现了在固定背景视频中雨水的有效去除。但在处理动态背景或摄像机移动的情况下，该方法的性能仍有待提升。

　　受到贝叶斯理论的启发，一种基于雨时间特性的概率模型被应用于雨条纹去除。该模型观察到受雨影响的像素和无雨像素的强度变化在波形对称性上存在显著差异，因此采用强度波动范围和扩散不对称性两种统计特征来区分有雨与无雨区域的运动物体。由于该方法对雨滴的形状和大小没有预设假设，因此具有较强的鲁棒性。为了进一步减少连续帧的使用，研究者们还探索了时空处理方法，该方法虽然在检测精度上略有不足，但在视觉感知质量上取得了更好的表现。

2. 视频去雨的频域方法

　　频域方法作为视频去雨技术的一个重要分支，通过转换视频信号至频域进行分析，为去除雨水提供了独特的视角与解决方案。频域方法的核心在于利用傅里叶变换等数学工具，将视频信号从时域转换至频域，从而揭示隐藏在时间变化背后的频率特性。基于时空频率的视频去雨方法通过构建物理和统计模型，全局性地检测雨雪影响。在此框架下，研究者们利用模糊高斯模型来模拟雨滴在视频中产生的模糊效应，这一模型能够捕捉雨滴导致的图像模糊，并通过设计频域滤波器来降低雨雪的能见度。这一方法不仅适用于静态场景，而且对于场景和摄像机均存在运动的视频表现出良好的适应性。通过频域分析，研究者们能够有效地识别并处理反复出现的雨条纹模式，从而在一定程度上减轻雨水对视频质量的影响。

　　但频域方法在应用过程中也面临着一系列挑战。首先，模糊高斯模型虽然能够模拟雨滴产生的模糊效应，但其局限性在于无法完全覆盖所有类型的雨条纹，特别是那些不清晰、难以用高斯分布准确描述的雨条纹。这导致在实际应用中，部分雨条纹可能无法被有效去除，从而影响整体去雨效果。其次，基于频率的检测方法在处理雨的频率分量不正常时，容易出现误差。由于雨滴在视频中的表现形式复杂多样，其频率特性往往难以用单一的数学模型准确描述。因此，当雨的频率分量与背景图像的频率分量重叠或相近时，频域方法可能会误将背景信息当作雨条纹进行处理，导致图像细节丢失或图像失真。

　　为了克服这些挑战，研究者们不断探索新的频域去雨方法。一种思路是结合时域与频域信息，利用两者之间的互补性来提高去雨效果。例如，先在时域中识别并标记出潜在的雨条纹区域，然后在频域中针对这些区域进行更为精细的处理。另一种思路是引入更复杂的数学模型和机器学习算法，以更准确地描述雨滴在视频中的频率特性。通过训练大量包含雨水影响的视频数据，这些算法能够学习到雨滴的频率分布规律，并在实际应用中根据这些规律进行去雨处理。

另外，研究者们也开始尝试将深度神经网络应用于频域去雨任务中。通过构建端到端的深度学习模型，研究者们能够直接从频域中提取出与雨滴相关的特征信息，并利用这些信息来指导去雨处理。这种方法不仅提高了去雨效果，还降低了算法对先验知识的依赖程度，使得频域方法在处理复杂场景和多种类型的雨滴时表现出更强的适应性与鲁棒性。

3. 基于低秩和稀疏性去雨的方法

在视频处理领域，针对雨/雪等恶劣天气条件对视频质量的影响，研究者们不断探索高效且鲁棒的解决方案。其中，基于低秩和稀疏性的方法因其独特的理论优势与实践效果成为视频去雨领域的一大研究热点。该方法的核心思想在于，利用雨条纹在时空域中的特定属性——相似性、可重复性及多尺度结构——通过构建低秩模型和稀疏表示，有效分离并去除雨条纹，从而恢复清晰、无雨的视频场景。

考虑雨条纹在视频帧间的连续性和相似性，将低秩模型从传统的矩阵结构拓展至张量结构，是一个重要的理论进展。张量结构能够更好地捕捉雨条纹在时空域中的复杂关联，包括其在时间轴上的连续变化以及在不同空间位置上的重复出现。这种拓展不仅增强了模型对雨条纹的描述能力，还使得算法在处理高动态场景时表现出更高的鲁棒性。引入动态场景的运动分割算法可以进一步细化雨条纹的检测与去除过程。该算法利用光度和色彩约束，精准定位雨条纹，并结合去雨滤波器，利用动态特性和运动遮挡线索，自适应地修复被雨条纹污染的像素。值得注意的是，尽管这种方法在利用时空信息方面取得了显著成效，但其对于相机抖动等复杂情况的处理仍有待提升。

为了克服这一局限性，研究者们提出了基于支持向量机（SVM）的雨条纹分解方法。该方法首先通过帧间差分获取初始雨图，然后利用SVM将雨图分解为雨条纹和离群值两种基向量，再通过细化雨条纹图、排除异常值并执行低秩矩阵补全，最终实现雨条纹的有效去除。这一方法不仅提高了去雨的准确性，还降低了对额外监督样本的依赖。但 SVM 的训练过程仍需要一定数量的标注数据，这在某些应用场景下可能成为限制。

为了更全面地应对暴雨和动态场景的挑战，研究者们进一步将雨条纹分为稀疏和密集两层，并分别建模处理。在这一框架下，稀疏雨纹和密集雨纹引起的强度波动被明确区分，并通过多标签马尔可夫随机场（MRF）表示运动目标和稀疏雨条纹的检测。同时，伪矩阵正则项和前景群稀疏性约束增强了模型对复杂场景的适应能力。这种方法不仅提高了去雨效果，还保持了视频内容的完整性和真实性。

此外，基于张量的视频去雨方法也是近年来的一大研究亮点，该方法通过分析雨条纹和干净视频在时空域的内在特征，如雨条纹沿雨滴方向的稀疏性和平滑性，以及干净视频在雨垂直方向上的平滑性和时间方向上的全局、局部相关性，构建了有效的去雨模型。通过引入乘子变换方向法（ADMM）等优化算法，该方法能够高效地求解模型，实现雨条纹的精确去除。

多尺度卷积稀疏编码模型（MS-CSC）的提出为视频去雨领域带来了新的思路。该模型通过捕捉雨条纹的稀疏分布和重复局部图案，以及多尺度结构等内在特征，构建了包含多个参数的复杂模型。通过引入特征图、滤波器及正则化项等组件，该模型能够准确地从雨视频中提取出雨的条纹，并恢复清晰、无雨的视频场景。这一方法不仅提高了去雨的准确性和效率，还为视频处理领域的进一步发展提供了新的启示。

4. 深度学习方法

随着深度学习技术的飞速发展，其在视频去雨领域的应用也日益广泛，为视频去雨难题提供了新的解决思路。深度学习方法以其强大的特征提取能力和模型泛化性能，在视频去雨任务中展现出了卓越的效果。

近年来，基于卷积神经网络的视频去雨方法逐渐崭露头角，这类方法通过构建复杂的网络结构，利用大量的训练数据，学习雨条纹与清晰视频之间的映射关系。例如，研究者们提出了一种针对暴雨条件下视频去雨的 CNN 框架。该框架巧妙地将超像素作为基本处理单元，对高度复杂的动态场景视频进行内容对齐和遮挡部分去除。超像素的使用不仅提高了处理效率，还有效地保留了视频中的关键信息，使去雨效果更加自然和真实。

在探索视频时间冗余方面，研究者们进一步提出了混合雨模型，并基于该模型设计了深度循环卷积网络架构。这一架构通过连续的聚合循环去雨重建网络，集成了雨条纹退化、分类、基于空间纹理形态的雨条纹去除和基于时间相干性的背景细节重建等多个功能模块。这些模块相互协作，共同完成了从输入雨视频到输出清晰视频的转换过程。该方法的创新之处在于，它充分利用了视频中的时间信息，通过 RNN 的循环结构，实现了对雨条纹的连续跟踪和去除，从而提高了去雨的准确性和稳定性。

此外，为了解决视频上下文动态检测的去雨问题，研究者们还开发了动态路由残差递归网络。这一网络结构通过引入动态路由机制，实现了对视频帧间差异的灵活处理。同时，结合残差学习的思想，该网络能够有效地提取和保留视频中的关键特征，进一步提高去雨效果。在此基础上，研究者们提出了一种有效去除视频雨的基本方法——时空残差学习。该方法通过构建时空残差块，捕捉视频中的空间和时间信息，实现了对雨条纹的精准定位和去除。

深度学习方法在视频去雨任务中的成功应用离不开大规模训练数据的支持和网络结构的不断优化。通过收集和标注大量的雨视频数据，研究者们能够训练出具有强大泛化能力的深度模型。同时，随着网络结构的不断复杂化，如引入注意力机制、多尺度特征融合等策略，深度学习方法的去雨性能也在不断提升。

尽管深度学习方法在视频去雨领域取得了显著的成果，但仍存在一些挑战和问题。例如，如何进一步提高模型的鲁棒性，使其能够应对各种复杂场景和恶劣天气条件下的雨去除任务；如何优化网络结构，降低计算复杂度，提高处理速度；以及如何更好地利用视频中的上下文信息，提高去雨效果的自然度和真实性；等等。

（三）单幅图像去雨方法

与基于时间冗余知识的视频去雨方法相比，从单个图像中去除雨条纹更具挑战性，因为可用信息较少。为了解决这一问题，单幅图像的去雨算法的研究越来越受到研究者的关注。一般来说，现有的单幅图像去雨方法可以分为三类：基于滤波器的去雨方法、基于先验的去雨方法和基于深度学习的去雨方法。

1. 基于滤波器的去雨方法

相较于利用时间冗余信息的视频去雨技术，从单一图像中精准去除雨条纹无疑是一项更为艰巨的任务，其根源在于可利用的信息资源极为有限。鉴于此，单幅图像去雨算法的研究已成为学术界关注的焦点，旨在探索更为高效且精准的解决方案。在现有的单幅图像去雨方法中，基于滤波器的方法以其独特的优势占据了重要地位，该类方法主要依赖于滤波技术的巧妙运用，以实现对雨条纹的有效抑制。

基于滤波器的方法通常遵循一种核心思路：通过分析雨条纹在图像中的特定属性，如色度、亮度或形状特征，构建出一个能够引导滤波过程的参考图像（引导图）。这一引导图在后续步骤中扮演着至关重要的角色，它作为滤波操作的基准，帮助算法区分雨条纹与背景信息，从而实现对雨条纹的精准定位与去除。例如，某些方法利用雨条纹在色度上的独特性，先初步生成一个包含无雨信息的粗糙图像作为引导图，随后通过导向滤波器对原始雨图像进行细致处理，以达到去雨的目的。在此基础上，为进一步提升去雨效果及图像的视觉质量，研究者们还尝试结合雨条纹的亮度特征，对引导图进行迭代优化，以期获得更为精确的无雨图像。

此外，基于多引导滤波的方法进一步拓展了这一思路。该方法不是利用单一引导图，而是通过构建多个引导图，如基于雨图像最小值获取的引导图，以及结合雨图像低频部分（LFP）与无雨图像高频部分（HFP）的引导图，来实现对雨条纹的多层次、多角度处理。这种多引导滤波策略能够更全面地捕捉雨条纹的复杂特征，从而在去雨过程中实现更为精细的图像恢复。

考虑雨条纹在形态上的典型特征，如细长且多呈垂直方向的椭圆形，人们还提出了基于形状分析的滤波方法。这类方法通过分析每个像素点的椭圆核的旋转角度和高宽比，精准识别雨条纹所在区域，并据此自适应地选择非局部邻居像素及相应的权重，对检测到的雨条纹区域进行非局部均值滤波。这种方法不仅能够有效去除雨条纹，还能够在一定程度上保留图像的细节信息，从而确保去雨后的图像质量。

2. 基于先验的去雨方法

在单幅图像去雨这一复杂而富有挑战性的领域，基于先验的方法以其独特的理论框架和显著的实践效果逐渐成为研究的主流方向之一。此类方法的核心在于，通过构建并引入图像先验知识，有效约束解空间，从而在信息有限的条件下实现高质量的图像恢复。其中，最大后验概率（MAP）框架以其坚实的数学基础和灵活的建模能力，为基于先验的去雨方法提供了强有力的支撑。

MAP框架将单幅图像去雨问题转化为一个能量最小化问题，其中保真项用于衡量输入图像与恢复图像之间的差异，而正则项通过对图像先验进行建模，对解空间进行约束。在单幅图像去雨这一病态逆问题中，先验知识的作用尤为突出，它不仅有助于缩小解空间范围，还能提升输出图像的期望质量。

为了设计并实现MAP框架中的各项功能，研究者们提出了多种富有创新性的方法。形态成分分析（MCA）便是一种典型的代表，它将去雨问题视为一个图像分解任务，通过双边滤波将雨图划分为低频分量和高频分量，并利用字典学习和稀疏编码技术，从高频分量中精确提取并去除雨条纹。这一方法不仅保留了图像细节，还实现了对雨条纹的精准去除。

此外，利用图像特征进行先验建模也是一研究热点。例如，通过利用定向梯度直方图（HOGs）等特征，将雨条纹与背景图像进行聚类分离，从而实现对雨条纹的有效检测与去除。同时，结合景深、特征颜色等混合特征，可以进一步提升雨条纹提取的精确度。

在分层处理方面，研究者们也进行了深入的探索。例如，通过导向滤波器获取由雨雪和图像细节组成的高频分量，进而利用字典学习和字典原子的分类技术，将其分解为无雨雪部分和有雨雪部分。这一方法不仅实现了对雨雪的精准去除，还保留了图像的有用细节特征。

为了进一步提升去雨效果，研究者们还提出了基于图像基本结构相似性的去雨方法。该方法通过增量字典学习策略，有效地避免了雨条纹对图像信息的影响，实现了对图像信息的良好保留。同时，基于字典学习的单幅图像去雨算法也备受关注，其通过构建具有强互斥性的学习字典，实现了对雨层和去雨后图像层的精细分离。

在正则化项建模方面，研究者们同样进行了大量的尝试与探索。例如，通过整合局部和非局部稀疏性、分析梯度统计量以及测量图像块之间的视觉相似性等方法，对雨条纹与背景细节层进行逐步分离。此外，联合卷积分析与合成（JCAS）稀疏表示模型也为单幅图像分离提供了新的思路，其通过分析稀疏表示（ASR）和稀疏合成表示（SSR）的互补性，实现了对图像大尺度结构和细粒度纹理的有效描述与提取。

近年来，将模型驱动与数据驱动方法相结合的研究趋势日益明显。例如，通过引入展开策略，将依赖数据的网络架构整合到迭代过程中，从而实现了对去雨问题的可学习性和最优性的联合研究。这一方法不仅提升了去雨效果，还为未来单幅图像去雨技术的研究提供了新的方向和思路。

3. 基于深度学习的去雨方法

基于深度学习的方法通过构建深度神经网络模型，从大量数据中自动学习雨条纹与干净背景之间的复杂映射关系，从而实现对雨条纹的有效去除。

早期的深度学习去雨方法，如利用卷积神经网络去除玻璃窗或相机镜头上的污垢和水滴，虽然在一定程度上实现了去雨效果，但受限于模型结构和训练数据的复杂性，难以处理较大或密集的雨滴以及动态雨条纹，且易产生模糊输出。为了克服这些局限，研究者们开始探索更加复杂和精细的网络结构。

其中，注意力机制的应用显著提升了去雨效果。通过将视觉注意力注入生成网络和判别器网络，生成网络能够专注于有雨的区域及其周围环境，而判别网络负责评估恢复区域的局部一致性。这种机制不仅提高了去雨的准确性，还增强了图像的整体视觉效果。

随着深度残差网络的成功，研究者们开始将其引入去雨任务，通过构建深度细节网络（DDN）等模型，缩小了输入到输出的映射范围，使学习过程更加高效。此外，残差引导的特征融合网络等方法的提出进一步提升了去雨网络的性能，通过逐步获得由粗到细的负残差估计，实现了对雨条纹的更精细去除。

为了摆脱对传统图像分解框架的依赖，条件生成对抗网络被引入单幅图像去雨任务。通过将定量、视觉和判别性能结合到目标函数中，GAN 方法实现了对雨条纹的更有效去除。同时，多流密集网络（DID-MDN）等方法通过自适应地确定雨密度信息，进一步提升了去雨网络的泛化能力。

近年来，研究者们开始从大气降雨过程的角度出发，构建新的去雨模型。研究员们通过将降雨过程重新构建为一个包含可见雨条纹位置、同方向雨条纹层和全局大气光照等参数的模型，开发出了多任务架构的去雨网络。该网络能够同时学习二值雨条纹图、雨条纹的外观和干净的背景图，甚至可以在暴雨条件下迭代渐进地去除雨条纹的痕迹和多种雨条纹叠加积累的部分。

此外，为了获得更好的去雨性能，研究者们还提出了多种改进方法。例如，基于迭代的压榨和激励（SE）模块的单幅图像去雨的上下文聚合网络（CAN），通过将不同的 α 值（大气透射参数）分配给不同的雨条纹层，获得了较大的感受野，更好地完成了去雨任务。同时，非局部增强的编解码器网络等方法的提出有效学习了越来越抽象的特征表示，获得了更精确的雨纹去除效果，并保留了图像细节。

但数据驱动的单幅图像去雨方法仍面临一些挑战。一方面，为了训练网络，需要合成带有雨条纹的图像以及与之对应的干净图像。但这类数据难以充分覆盖真实雨图像中更大范围的雨条纹模式。另一方面，对于真实的雨图像，由于缺少对应的干净背景图，无法进行定量比较，导致评估不够客观。为了解决这些问题，研究者们开始构建大规模的自然雨景数据集，并提出了空间注意力网络（SPANet）等模型，以从局部到全局的方式实现去雨。同时，半监督学习等方法的提出也缓解了训练样本难以收集和模型过拟合的问题。

二、基于渐进式循环网络迭代的去雨算法

渐进式循环网络迭代去雨算法作为一项前沿的图像复原技术，其深度挖掘了图像去雨问题的本质，通过一系列精心设计的策略，实现了对雨条纹的精准识别与高效去除。

渐进式循环网络迭代去雨算法的核心在于其渐进式的处理框架。不同于以往一次性解决所有问题的思路，渐进式循环网络迭代去雨算法将复杂的去雨任务分解为多个相对简单的子任务，每个子任务负责去除图像中一定比例的雨条纹。这种分阶段、逐步深入的处理方式不仅降低了问题的难度，还使算法能够逐步接近真实的背景图像，从而避免了因一次性处理不当而导致的图像失真或细节丢失。在每个阶段，算法都巧妙地利用浅层的 ResNet 网络结构，通过堆叠卷积层和 ReLU 激活函数等组件提取出图像的深层特征，进而实现对雨条纹的有效识别与去除。

渐进式循环网络迭代去雨算法在参数共享与递归计算方面进行了创新。在传统的深度学习中，随着网络层数的增加，参数的数量也会急剧增长，这不仅增加了计算成本，还容易导致过拟合问题。渐进式循环网络迭代去雨算法则通过参数共享机制，使得每个阶段的网络都使用相同的参数进行迭代计算，从而显著减少了参数数量。同时，递归计算策略的引入使得算法能够利用上一次迭代的结果作为当前迭代的输入，这种迭代更新机制不仅提高了算法的去雨效果，还使算法在处理复杂雨图时表现出更强的鲁棒性。

　　此外，渐进式循环网络迭代去雨算法还巧妙地引入了递归层来增强跨阶段的特征依赖。递归层能够接收来自上一次迭代的状态和当前迭代的状态，通过传播特征信息，增强每次迭代的去雨效果。这种机制使得算法能够在不同阶段之间传递有用的信息，从而进一步提高去雨精度（见图4-3）。递归层的引入不仅丰富了算法的网络结构，还使算法在处理具有不同雨条纹密度和方向的图像时，能够表现出更好的适应性和灵活性。

图4-3　渐进式循环网络迭代去雨算法结果 [①]

　　在算法的具体实现中，采用了两种类型的残差模块：正常的卷积 ResBlocks 和迭代 ResBlocks。这两种模块在算法中扮演着重要的角色。正常的卷积 Res-Blocks 通过堆叠多个卷积层和 ReLU 激活函数等组件，构建出深层的网络结构，用于提取图像的深层特征；迭代 ResBlocks 通过重复展开一个 ResBlock 来减少模型参数大小，同时保持较好的去雨效果。这种模块化的设计使算法在保持高效性的同时，还能够灵活地调整网络结构，以适应不同的去雨任务需求。

　　渐进式循环网络迭代去雨算法在优化目标函数方面采用了单一的 MSE 损失函数或负 SSIM 损失函数。这种简单的损失函数设置避免了复杂混合目标函数带来的超参数调节负担，也有助于提高算法的收敛速度和稳定性。实验结果表明，负 SSIM 损失在 PSNR（一种评估图像或视频压缩算法性能的指标）和

① 图4-3引自：尚玮.基于循环神经网络的图像去雨算法研究［D］.天津：天津大学，2023：21-36.

SSIM（衡量两幅图像相似度的指标）指标上通常优于 MSE 损失，因此在实际应用中，可以根据具体需求选择合适的损失函数作为优化目标。

总之，渐进式循环网络迭代去雨算法通过渐进式处理框架、参数共享与递归计算、递归层引入以及模块化设计等策略，实现了对图像中雨条纹的有效去除。这种算法不仅具有较低的复杂度和较高的去雨效果，还具有较好的稳定性和泛化能力。随着技术的不断发展，相信该算法将在图像去雨领域发挥越来越重要的作用，为图像复原技术的发展贡献更多的力量。

三、基于双边循环神经网络的去雨算法

传统的基于深度卷积神经网络的去雨方法虽然在提取雨条纹方面取得了显著进步，但通常只能分离出雨纹层，难以直接将含有雨纹的图像映射为干净的背景图像。此外，这类方法的网络结构越来越复杂，影响了训练效率和实际应用效果。与之相比，基于双边循环神经网络（BRN）的去雨算法是在图像去雨领域的一项重要进展。BRN 通过耦合两个单一的循环神经网络，不仅能有效提取雨条纹，还能准确预测背景图像，大大提升了去雨效果。

BRN 的核心在于其使用了一种递归展开的浅层残差网络，该网络通过递归层在多个阶段传播深层特征。通过这种方式，BRN 不仅在提取雨条纹方面表现出色，还能直接学习并预测干净的背景图像。这种双重能力的实现得益于 BRN 的结构——它耦合了两个单一的循环网络，分别用于处理雨条纹层和背景图像层。每个循环网络在多个迭代过程中进行深度特征传播，并且这两层之间的信息通过双边循环迭代网络（BLSTM）相互传递。

传统的去雨算法大多使用残差映射来分离雨条纹，虽然在定量比较中表现较好，但提取出的雨条纹层往往包含背景图像中的一些纹理信息，这会导致去除雨条纹后图像出现残留的暗纹，影响最终的视觉效果。为了解决这一问题，BRN 采用了双边 LSTM（长短期记忆网络）架构。其通过堆叠两个单一的循环网络，分别负责提取雨条纹和预测干净背景图像，从而有效避免了暗纹的产生。

在具体实现中，BRN 通过在雨条纹层和背景图像层之间建立深层特征的交互来提升去雨效果。在第 t 次迭代时，BRN 将来自输入图像的特征与雨条纹层和背景图像层的递归状态相结合，通过双边 LSTM 的相互作用，实现特征的

深入传递。这种结构不仅能保证在各个阶段的深层特征传播，还能在单次迭代中实现雨条纹层与背景图像层之间的信息交互，使得整个网络在多次迭代后获得更精确的去雨效果。

双边 LSTM 的引入是 BRN 的关键创新之一。过去的 LSTM 结构只能在时间维度上进行隐藏状态的传递，而双边 LSTM 通过在雨条纹层和背景图像层之间进行交互传递，进一步提升了去雨的精度。在这种结构中，雨条纹层的隐藏状态不仅跨多个阶段进行传递，还会传递给背景图像层，反之亦然。这种双向的信息流动使得两者之间的特征提取和映射更加精确。

与传统的 LSTM 网络不同，BRN 的双边 LSTM 可以更好地捕捉图像中的细节特征。例如，在去雨过程中，雨条纹层和背景图像层之间的递归状态相互作用，使得雨条纹的提取更加清晰，减少了背景纹理的干扰。图像去雨的效果因此更加自然，不会因为去除雨条纹而导致图像过度平滑，保留了更多的细节信息。

BRN 的重要特性在于其迭代过程。在每次迭代中，两个循环网络会分别接收前一次迭代生成的雨条纹层和背景图像层，通过递归展开和 BLSTM 的深层交互，不断提升预测结果的准确性。这种逐级优化的机制使得去雨效果逐步改善，最终获得了较为精细的背景图像。

BRN 的实际应用效果通过实验得到了验证。在比较中，BRN 与现有的去雨算法相比，能够更好地分离雨条纹和背景图像，提取的雨条纹层几乎不含背景纹理，从而在去雨过程中避免了背景图像的损伤。此外，BRN 还能有效解决去雨后图像出现暗纹的问题，使输出的图像具有较高的清晰度和细节（见图 4-4）。

总的来说，基于双边循环神经网络的去雨算法在深度学习领域提供了一种新的思路。通过耦合两个单一的循环网络，BRN 不仅能有效提取雨条纹，还能准确预测背景图像，在图像去雨领域展现出强大的应用潜力。这种结构简单、易于训练的网络尤其适用于处理含有复杂雨纹的图像，其双边 LSTM 的设计也为图像处理领域提供了新的启示。在未来，随着更大规模数据的引入和网络架构的进一步优化，BRN 有望在更多图像修复和增强任务中得到广泛应用。

图 4-4　BRN 的去雨结果

四、基于循环神经网络的图像去雨算法的未来发展

基于循环神经网络的图像去雨算法是计算机视觉领域的一个重要研究方向，尤其是在恶劣天气条件下的图像处理需求日益增加的背景下。随着人工智能、大数据、云计算、边缘计算等前沿技术的飞速发展，基于 RNN 的图像去雨算法不仅在理论层面得到了长足发展，而且在实际应用场景中的潜力越发显著。未来，围绕该算法的研究将逐步向更高效、更精确、更普适的方向发展，同时其跨领域的应用将成为新的研究重点。

（一）大数据驱动的模型训练与优化

大数据技术的广泛应用为基于循环神经网络的图像去雨算法提供了极大的助力。传统的图像去雨算法往往依赖于小规模的、相对局限的训练数据，难以应对复杂、多样的雨天场景。大数据的出现为这一困境带来了转机，海量的图像数据不仅包含了不同雨强、雨滴形状、背景环境等多维特征，还提供了不同设备、不同拍摄角度下的多样化数据，这为算法的泛化能力提供了极大的支持。通过在大规模、多样化的数据集上训练，算法能够有效学习到更多的潜在特征模式，从而提升去雨效果。

此外，基于大数据技术，图像去雨算法还能够更好地实现数据驱动的自适应性。随着数据集规模的增加，传统依赖人工标注的方式将逐渐被自动标注和数据增强技术所取代。通过自动化的数据清洗、预处理、增强技术，数据集的质量和多样性得以提高，这为神经网络模型的训练提供了更高质量的输入源。通过利用大数据分析手段，算法可以动态地识别和捕捉雨滴特征与背景图像之间的复杂关系，使去雨效果更加自然流畅，避免出现伪影或边缘失真等问题。

（二）深度学习的创新与 RNN 架构优化

深度学习技术的不断创新为图像去雨算法的进化提供了强有力的支撑，尤其是双向循环神经网络（BRNN）的引入，使得算法处理时间序列问题的能力得到了显著提升。雨水条纹的出现通常具有连续性和动态变化的特征，BRNN通过前向和后向传播结合，可以同时捕捉图像中雨滴的空间特性和时间特性。这种结构化的特性使其相较于传统卷积神经网络更具优势，尤其在去雨处理需要考虑时间序列信息的场景中。

未来，深度学习领域的创新将继续推动基于循环神经网络的图像去雨算法的发展。一方面，神经网络的结构优化将进一步增强模型的表达能力。例如，引入更加复杂的门控机制，如门控循环单元（GRU）和长短期记忆网络，可以提高模型在长时间序列中的记忆与关联能力，避免信息丢失。同时，多层次、多尺度的神经网络结构有助于捕捉图像中的多维度信息，从而提升模型对不同尺度雨条纹的识别和处理能力。

另一方面，GAN 等新型神经网络框架的引入为图像去雨算法开辟了新的研究方向。GAN 通过对抗性训练机制，使得生成器和判别器在不断博弈中提升图像生成质量。这种框架可以在去雨任务中生成更加逼真、自然的去雨图像，从而解决传统算法可能带来的模糊、伪影等问题。未来的研究可以进一步探索 GAN 与 RNN 的结合，通过对抗性学习提高去雨算法的鲁棒性与泛化能力。

（三）云计算与边缘计算的结合

在实际应用中，图像去雨算法不仅需要具备较高的精度和准确性，还需要具备快速处理和实时响应的能力。这一需求的实现离不开云计算与边缘计算的深度结合。云计算通过提供大规模的分布式计算资源，使图像去雨模型的训练和优化能够在高效的计算环境中完成，从而显著缩短模型开发周期。同时，云计算还为模型的部署提供了灵活性和可扩展性，用户可以根据不同的应用场景，随时在云端部署和更新去雨算法模型。

110

但单纯依赖云计算可能无法满足对实时性要求极高的应用场景，如智能监控系统、自动驾驶车辆等。这类场景下的设备需要在本地快速处理摄像头捕捉到的图像数据，尤其是在雨天，去雨算法必须快速过滤雨水干扰，确保系统的稳定性与安全性。此时，边缘计算的引入尤为重要。边缘计算可以将部分计算任务下放至本地设备，以减少对云端计算资源的依赖，从而实现更加高效、实时的图像去雨处理。这一技术在未来将进一步推动图像去雨算法在实时性场景中的广泛应用。

（四）应用场景与跨领域的创新应用

随着技术的发展，基于循环神经网络的图像去雨算法的应用范围也在不断拓展，跨领域的创新应用成为未来发展的重要趋势。在自动驾驶领域，雨条纹不仅会影响摄像头对道路和障碍物的感知，还可能对激光雷达、雷达等传感器的数据采集造成干扰。基于 RNN 的去雨算法通过对摄像头采集的图像进行实时处理，可以有效提高车辆在雨天行驶时的安全性与稳定性。同时，结合多模态数据融合技术，去雨算法可以与其他传感器数据进行联合分析，从而提高车辆对环境的综合感知能力。

此外，影视制作、虚拟现实（VR）和增强现实（AR）领域对去雨算法也有着潜在的需求。在这些领域，雨天场景的渲染往往需要在真实感与视觉体验之间取得平衡。传统的雨天渲染方法容易产生视觉噪声或模糊效果，影响用户体验。通过应用去雨算法，影视制作者和 VR/AR 开发者可以实时生成去除雨水干扰的清晰图像，从而提升视觉表现力和用户沉浸感。这一应用场景的扩展，进一步证明了图像去雨算法在未来具备广泛的跨行业应用潜力。

尽管基于循环神经网络的图像去雨算法在理论和实践中取得了诸多突破，但未来仍面临一些挑战。如何在保证模型高精度的前提下进一步提升其计算效率和实时性，是未来研究的重点。特别是在多样化、复杂化的应用场景中，去雨算法如何适应不同的设备性能和资源限制，将是未来技术发展的关键。此外，如何进一步提高去雨效果的自然性和视觉质量，避免伪影、边缘模糊等问题的产生，也是未来需要解决的难题。尤其在极端天气条件下，如暴雨、强风等，去雨算法可能难以处理更加复杂的雨水形态和干扰模式。因此，未来的研究可以考虑通过引入更多元化的深度学习模型和数据增强技术，提升算法对复杂场景的适应能力。

总之，基于循环神经网络的图像去雨算法的未来发展，将伴随着大数据、人工智能、云计算和边缘计算等创新技术的持续融合。随着理论研究的深化与实际应用场景的拓展，该算法在图像处理领域的影响力将不断扩大，其跨领域的应用也将为各类智能系统的稳定性与安全性提供坚实的技术保障。

第三节 基于循环神经网络的高光谱图像联合分类

一、高光谱遥感技术的发展与应用前景

在过去的数年间，遥感技术，尤其是高光谱遥感，得到了广泛的关注和发展，成为多个领域不可或缺的技术手段。通过多颗高分辨率遥感卫星的成功发射，人类在灾害风险预警、地质监测和气象监控等方面拥有了更加先进的工具。高光谱分辨率遥感技术的核心特点在于其能够在极为狭窄且连续的光谱通道内对地物进行持续的成像。这不仅增加了数据量，更重要的是大幅提升了对地物光谱空间信息的捕捉能力。这种技术优势使高光谱遥感不仅能够识别出水体、植被、沙地等具有显著光学差异的地物，还能够精细地区分同类地物内部的细微差异。例如，高光谱遥感技术可以区分转基因大豆与普通大豆，或者对相似的道路表面（如柏油路和沥青跑道）做出区分。

高光谱遥感实现了光谱分辨率上的重大突破，相较于多光谱遥感技术，其更高的光谱分辨率使研究者不仅能够捕捉到类间的显著差异，还能够识别类内的细微变化，这一特点使其应用领域进一步拓宽，涵盖了从食品质量安全评估到医学成像的广泛场景。

在食品质量评估领域，传统的检测方法主要依赖于生物化学手段，虽然这些方法具有一定的可靠性和科学依据，但通常存在耗时长、操作复杂以及检测过程中可能对样本产生破坏等问题。这些局限性在现代食品生产和质量控制中已越来越明显，尤其是在需要大规模快速检测的场景下，传统方法显然难以满足高效、无损的要求。高光谱遥感技术由于能够在多个波段获取丰富的光谱和空间信息，正在为食品质量评估提供一种更为高效、便捷的替代方案。通过捕捉食物在不同光谱下的反射特征，高光谱遥感能够实现对食物内在成分和外部

特征的精细分析。这一技术不仅能够准确评估食物的质量，还可以在无损的情况下快速完成大批量样品的检测。因此，在食品质量安全领域，高光谱遥感显示出极大的应用潜力，特别是在减少人工干预、提高检测效率和保障食品质量方面提供了重要支持。

在医学成像领域，传统的CT和磁共振成像（MRI）已被广泛应用于医学诊断，尤其是在器官结构和病理变化的识别中起到了关键作用。但随着医学需求的日益复杂化，现代医学对成像技术提出了更高的要求，不仅要具备更高的分辨率和精准度，还要能够提供更丰富的生物化学和组织功能信息。在此背景下，高光谱成像技术以其独特的光谱分辨率和无损检测的优势，逐渐成为医学成像领域的一项重要补充。高光谱遥感能够通过分析不同病理状态下组织的光谱特征差异，为医学专家提供实时的生物标记信息以及详细的组织光谱图像。这一技术在识别病变组织、鉴别病源性质以及确定病变区域等方面具有重要作用，使诊断过程更加快速、精确。近年来，随着光谱成像技术在医学应用中的不断发展，其在癌症筛查、皮肤病检测和外科手术导航等方面的应用前景得到了广泛认可。高光谱成像技术的引入不仅丰富了医学影像学的手段，还为临床诊断提供了更为丰富的数据支持，成为医学诊断中的一项颇具前景的新兴技术。

在农业病虫害监测领域，高光谱遥感同样展现出巨大的应用潜力。传统的农业监测方法主要依赖于人工视觉观察和定期实地勘查，这种方式不仅耗费大量人力物力，而且常常存在检测滞后性，难以及时发现和处理农业病虫害问题。尤其是在面对大面积农田时，传统手段很难在早期阶段发现农作物的潜在问题，导致病虫害控制不力、农业产量下降等问题。高光谱遥感技术的引入为农业病虫害的早期监测提供了一种高效、精确的解决方案。通过高光谱传感器，研究者能够监测到植物在干旱或水分胁迫等环境变化下产生的光合色素反射率的细微变化，这些变化往往在肉眼难以察觉的早期阶段就已发生。高光谱遥感技术能够在农作物生长早期准确识别出这些变化，从而为农业生产者提供及时的预警信息，帮助他们更好地应对农作物的生长压力与病虫害威胁。这种技术不仅大幅提高了农业监测的效率，还提升了病虫害防控的科学性和时效性，有助于提高农业生产的整体水平。

在遥感领域，针对高光谱图像的分类一直是活跃的研究方向之一。高光谱图像的数据量大、信息相关性强，训练样本往往有限且不平衡，这些特点使得高光谱图像分类成为一个充满挑战的问题。随着图像处理和模式识别技术的不断发展，越来越多的研究者开始关注空间特征在高光谱图像分类中的作用。基于形态学特征和傅里叶变换的方法逐渐受到重视，这些方法能够将空间上下文信息整合到分类器中。但由于图像中可能存在异类像元，单纯依赖空间特征进行建模难以完全解决分类问题。因此，近年来，研究者逐渐将光谱特征与空间特征结合起来，利用深度学习模型发展出了空谱联合分类方法，这类方法由于能够获取更抽象的深层结构特征，并具备更强的信息表达能力，在高光谱图像分类中的表现优异，直接推动了该领域的快速发展。

二、高光谱遥感技术在图像分类中的挑战与发展

高光谱遥感技术的出现被认为是遥感领域的重大突破。与传统宽波段遥感相比，高光谱遥感能够探测到更多原本无法直接观测的物质细节，这项技术在成像时，每个空间像素都被分散为数十个甚至数百个窄带，从而实现了连续的光谱覆盖。高光谱图像的本质是一个三维数据立方体，由两个空间维度 (x, y) 和一个光谱维度 (λ) 构成。光谱信息通过揭示物质的物理结构与化学成分的差异，在农作物分析、矿物勘探、生物检测等领域展现了独特的优势。

高光谱遥感的物理基础源于电磁波在不同介质中的传输模型及其接收、分析过程。地球上的物质通过吸收、发射和反射电磁辐射，产生了多样的电磁波，这些波动现象由麦克斯韦电磁理论描述。根据波长和频率的不同，电磁波可分为无线电波、微波、红外线、可见光、紫外线、X射线等。这些特性各异的电磁波以顺序排列，便构成了电磁波谱（见图4-5）。高光谱遥感能够捕捉人眼不可见的电磁波，如红外线和高频成像技术，从而收集大量常规方法无法获取的数据。

在高光谱遥感中，一个重要参数是瞬时视场角（IFOV），它决定了传感器在特定高度（H）观测到的地表面积。这个面积代表传感器能够分辨的地面最小单元（GR），两者之间的关系为GR=2Htan（IFOV/2）。因此，在遥感平台高度确定的情况下，空间分辨率与成像传感器的IFOV密切相关。另一个重要参数是光谱分辨率，它反映了传感器能够感应到的特定波长间隔或光谱波段。多光谱探测器的带宽一般在100~300nm，而高光谱探测器能够达到10nm的光谱

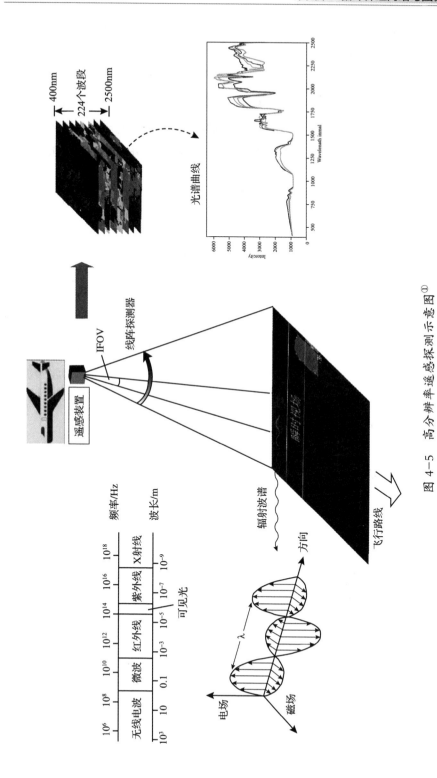

图 4-5 高分辨率遥感探测示意图①

① 图 4-5 引自：王之璞. 基于循环神经网络的高光谱图像联合分类研究 [D]. 青岛：青岛大学, 2023: 2-40.

分辨率，涵盖上百个波段。

在高光谱成像的实现方式上，主要采用摆扫型和推扫型两种方法。摆扫型成像（也称聚焦模式）通过光机左右摆扫与飞行平台前进完成二维空间成像，线阵探测器负责获取瞬时视场内像素的光谱信息。推扫型传感器则通过平台沿轨道方向的前向运动实现连续扫描，使用面阵探测器同时记录多个相邻像素的光谱数据。推扫型成像的优势在于能够显著增加像素的凝视时间，从而提高成像系统的灵敏度与信噪比。

在数据处理中，推扫型传感器获取的光谱数据经过光栅色散器和硅电感耦合器的处理后，能够在光谱维度上高密度分割出几十到上百个波段，形成详细的地物空间分布图像。同时，针对每个像素，都可以绘制出描述其属性特征的光谱曲线。这些信息通过空间和光谱维度的采样，叠加形成一个超级立方体，从而实现地物的精准定量分析和细节提取。

高光谱图像分类基于上述数据立方体，依赖图像的纹理特征和光谱序列来对每个像素的地物类别进行标注。在这个过程中，首先需要对成像光谱仪采集的图像进行预处理，包括大气散射矫正和污染波段剔除等步骤，随后将数据集划分为训练集和测试集。在训练集上通过统计或几何方法进行特征提取，完成分类器的训练，最终利用分类器对测试集中的像素属性进行确定。

高光谱图像分类面临着一些技术挑战：① Hughes 现象，也称维度灾难。随着高光谱数据的特征维度不断增加，虽然理论上应有更多的信息可以用于分类，但当特征维数超出一定阈值时，冗余信息与噪声的积累反而可能导致分类性能的下降，造成精度的降低。这是由于在高维空间中，数据点之间的距离增大，使得原有的统计方法难以保持有效性。②同物异谱现象，即相同的物质在不同的采样条件下可能呈现出不同的光谱特征。这种现象的产生主要受外界因素的影响，如光照条件、传感器角度或环境噪声的干扰，导致采集到的光谱数据存在一定程度的波动。同时，不同的物质在某些情况下可能表现出相似的光谱特征，这进一步增加了分类的难度。③样本稀疏性。高光谱数据的标记过程复杂，通常需要通过精确的地物测量或实验室分析来确定每个像素的类别，这使能够获得的标记样本数量相对有限。与此形成对比的是，高光谱图像数据的维度通常非常高，可能包含上百个波段，这造成模型在训练时面临样本不足的问题。这种稀疏性导致学习模型难以充分训练，特别是在处理复杂地物场景时，容易出现欠拟合的现象，影响分类的准确性和泛化能力。

在应对这些挑战时，优化高光谱图像分类的算法、提高模型的适应性和鲁棒性，成为未来研究的重点方向之一。

三、基于谱序列的非局部长短时记忆网络模型

基于谱序列的非局部长短时记忆网络模型（NDR–LSTM）为高光谱图像（HSI）分类问题提供了一种创新且高效的解决方案。高光谱图像的独特之处在于其具备丰富的光谱信息，不同的物质在多个光谱波段中展现出截然不同的光谱特征，这种特征常被称为"光谱指纹"，可以为目标物质的识别与分类提供精准的依据。但传统的深度学习方法通常在充分利用这些光谱信息时面临一定的挑战，尤其在处理复杂的空谱相关性时表现不足。为了解决这一问题，NDR–LSTM 模型通过结合长短期记忆网络（LSTM）和非局部多样性机制，力求最大限度地挖掘光谱序列中的丰富信息，以提高分类的准确性与稳健性。

在 NDR–LSTM 模型的构建过程中，高光谱图像的光谱数据被视作一个多维序列，像素在不同波段下的光谱值依次输入 LSTM 网络。长短期记忆网络作为序列数据处理的骨干网络，擅长捕捉序列中的长期依赖关系和短期变化，能够有效应对高光谱数据中存在的复杂序列信息。通过 LSTM 的引入，模型不仅能够理解每一个波段中像素的独立特征，还能够分析波段之间的相互关联，从而在空间上和光谱上实现更全面的特征提取。这种对长短期依赖的捕捉，提高了模型对光谱信息的利用率，使其在高光谱图像分类任务中具备更高的准确性。

NDR–LSTM 模型通过非局部多样性机制进一步加强了对上下文信息的学习能力。传统的卷积神经网络或其他深度学习模型往往集中于局部信息，容易忽视图像中不同区域之间的长距离依赖关系。非局部机制的引入使模型可以捕捉到全局范围内的特征相似性，从而在分类过程中考虑更多的上下文信息。这一设计能够有效缓解高光谱图像中空间维度和光谱维度信息整合不充分的问题，提升模型的识别能力。

为了进一步提高分类效果，NDR–LSTM 模型还结合了注意力机制，对空间和光谱通道信息进行重新标定。注意力机制通过自动选择和强化对分类任务更为重要的特征，优化了特征提取的过程。在高光谱图像分类的场景下，注意力机制能够自适应地分配计算资源，使模型专注于更有区分度的光谱维度和空

间维度信息，削弱冗余或无关的特征信息。这种特征自校正机制不仅提高了分类的精度，还减少了计算冗余，使得模型具备更高的效率和鲁棒性。

NDR-LSTM 模型还具备层次化的架构设计，能够在不同层次的循环神经网络分支上进行特征融合。通过这种层级化的架构，模型能够更好地捕捉高光谱图像中复杂的空谱上下文信息，实现对区域内部和区域之间特征的深度关联分析。尤其在面对光谱序列与空间结构共同作用的复杂数据时，这种层次化架构能够充分发挥模型的优势，确保在分类过程中对信息的完整性和多样性的保留。

作为一个端到端的自学习分类系统，NDR-LSTM 不仅能够自动调整模型参数以适应不同的数据集和任务需求，还具备极强的自适应能力。在实际应用中，该模型能够应对多种复杂场景，尤其适合于需要高精度、高可靠性的分类任务。它在多个领域（如地质监测、农作物分类、环境监测、遥感成像等）都展现出了广阔的应用前景。同时，作为一种深度学习模型，NDR-LSTM 的架构具有很好的扩展性，可以与其他先进的深度学习技术结合，如图像增强技术、多尺度特征提取等，从而进一步提升分类性能。

总的来说，基于谱序列的非局部长短时记忆网络模型通过结合光谱序列信息、非局部多样性和注意力机制，成功地解决了高光谱图像分类中常见的空谱信息整合问题。其强大的上下文学习能力和特征提取能力不仅显著提升了分类性能，还具备较高的实际应用价值。这种模型为未来高光谱图像分析提供了新的研究方向，展现了在高光谱图像处理领域的巨大潜力。

四、基于循环神经网络的多区域级联模型

循环神经网络是深度学习领域的重要分支之一，因其在处理序列数据方面的优越性能而受到广泛关注。高光谱图像作为一种富含光谱信息的特殊数据形式，能够精准地反映出材料的物理结构及其化学成分之间的差异。高光谱图像的每个像素不仅具有丰富的光谱维度信息，还承载着重要的空间特征，因此，将序列化的 RNN 应用于高光谱图像处理，为建立像素间的复杂依赖关系以及捕捉图像中的潜在模式提供了有效的解决方案。与传统基于卷积神经网络的方法相比，循环神经网络在特征提取过程中需要的参数量较少，这使其在训练过程中具备更高的效率，并能够更快速地收敛。

尽管光谱信息在高光谱图像处理中的重要性不言而喻，但空间信息的有效

利用同样是提高模型分类精度的关键因素之一。传统的长短期记忆网络在建模时往往仅考虑单个像素的光谱特征，忽视了该像素周围邻域的相关信息，这种局限性可能导致模型在提取特征时的表现不够理想。为了解决这一问题，以下提出一种创新的 LSTM 多区域级联模型（见图 4-6）。该模型在保留 LSTM 在谱域信息提取方面优势的基础上，设计了一个前置的卷积层，以便高效地获取空间域信息。通过这样的结构设计，模型能够全面捕捉到光谱与空间特征之间的相互关系，从而显著提升分类的准确性和鲁棒性。

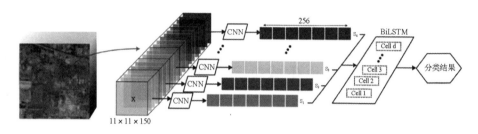

图 4-6　LSTM 多区域级联模型

整个特征提取过程被细分为两个主要阶段，以实现对高光谱图像信息的深度挖掘和有效整合，具体如下：

第一阶段采用卷积神经网络，逐层提取空间信息，旨在从局部到全局逐步构建图像的空间特征表示。在此阶段，卷积神经网络能够自动学习到图像中的局部模式，从而有效提取出具有代表性的空间特征。这些特征不仅为后续处理奠定了基础，还为理解图像的整体结构提供了关键支持。

第二阶段采用循环神经网络，对第一阶段提取到的每组通道的高级特征建立长程依赖关系，以获取光谱维度上的时序关联特征。在这一阶段，RNN 通过其独特的结构能够有效捕捉到光谱特征之间的动态变化，并建立起它们之间的时间依赖关系。通过级联的方式，将这两类特征进行有机融合，最终实现了端到端的空谱联合信息提取。这种创新的多区域级联模型不仅有效地整合了空间与光谱信息，还为高光谱图像的分类提供了更为精准的支持。

总之，基于循环神经网络的多区域级联模型通过合理的结构设计，充分挖掘和利用了高光谱图像中的光谱与空间信息，为高光谱图像分析和处理开辟了新的思路。此模型在处理复杂高光谱数据时表现出色，能够有效提高图像分类的精度和效率，为相关领域的研究与应用提供了重要的技术支持。

第五章
生成对抗网络与图像识别

第一节　生成对抗网络原理与模型

生成对抗网络是深度学习范畴内一项无样本非监督学习的方法，其架构围绕一个生成网络和一个判别网络展开。生成网络负责从潜在空间随机抽取样本作为输入，并致力于生成与训练集内真实样本高度相似的输出。相对地，判别网络则接收真实样本或生成网络的产物，目标在于精确区分二者。此二者通过持续的对抗与参数调整，促使判别网络丧失对生成网络输出真伪的辨识能力。GAN 不仅擅长生成逼真的图像，还在视频生成、三维物体建模等领域展现出了广泛的应用潜力。

从概念层面解析，GAN 通过自我生成样本并构建两个相互竞争的模型以实现知识获取。该框架要求并行训练两个模型：一是生成模型 G，用于捕捉数据分布；二是判别模型 D，用于评估样本源自训练数据的概率。G 的优化目标在于最大化 D 的误判率，这一过程类似于一个寻求最大值集合下限的双方博弈。理论上，在任意函数空间内存在唯一解，使 G 能完美复刻训练数据分布，同时 D 的判别准确率达到 0.5 的均衡点。当 G 与 D 均基于多层感知器构建时，整个系统可通过反向传播算法进行有效训练，且无须依赖马尔可夫链或近似推理网络的展开。

尽管原始 GAN 理论对 G 和 D 的具体形式未作严格限定，仅需充分拟合生成与判别任务，但在实践中，深度神经网络因其强大的拟合能力而成为构建 G 和 D 的首选。GAN 的成功应用依赖于恰当的训练方法，否则神经网络的高度灵活性可能导致输出结果不尽如人意。

GAN 的显著优势在于其能够自动学习并接近任意复杂度的真实样本数据分布，只要训练充分，就可精准捕捉数据特性。随着 GAN 在理论与模型层面的不断进步，其在计算机视觉、自然语言处理、人机交互等多个领域的应用日益深化，并持续向更广泛的领域拓展，展现出强大的生命力和广阔的应用前景。

一、生成对抗网络的原理

生成对抗网络属于双边博弈判别类游戏，主要包括生成网络 G 与判别网络 D 两部分[①]。生成网络 G 担当生成器的角色，其运行机制基于接收随机噪声向量 z，并通过复杂的变换过程生成图像，此过程可形式化表达为 $G(z)$。另外，网络 D 作为判别器，负责评估图像的真实性。它以图像 x 为输入，输出 $D(x)$ 表示 x 为真实图像的概率值；当 $D(x)$ 等于 1 时，图像被判断为绝对真实；当 $D(x)$ 为 0 时，图像被认定为非真实。生成对抗网络的原理如图 5-1 所示。

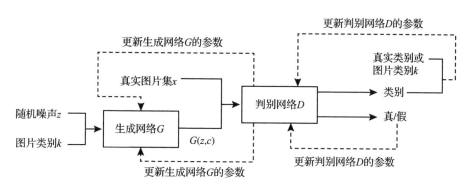

图 5-1　生成对抗网络的原理[②]

在训练阶段的动态交互中，生成网络 G 致力于不断优化其生成策略，以期产生足以误导判别网络 D 的逼真图像。相反，判别网络 D 的目标则是提升其对 G 所生成图像与真实图像间差异的辨识能力。这一过程形成了一个动态的、相互对抗的"博弈框架"。在理想化的训练结果下，生成网络 G 能够达到一个境界，即其生成的图像 $G(z)$ 在视觉上与真实图像无异，达到"以假乱

① 牛军军. 基于生成对抗网络的图像增强与修复技术研究［J］. 互联网周刊，2024（13）：81.
② 图 5-1 引自：杨博雄. 深度学习理论与实践［M］. 北京：北京邮电大学出版社，2020：193.

真"的效果。此时,对于判别网络 D 而言,区分 G 生成的图像与真实图像变得极为困难,理论上可将 $D(G(z))$ 的期望值设定为 0.5,标志生成网络 G 已成功获得生成高质量图像的能力,进而可应用于图像生成任务中。

二、生成对抗网络的模型

设 z 为随机噪声,x 为真实数据,生成网络和判别网络可以分别用 G 与 D 表示,其中 D 可以看作一个二分类器,那么采用交叉熵表示,GAN 可以写作:

$$\min_G\max_D V(D,G)=E_{x-P_{datat(x)}}\big(\lg D(x)\big)+E_{z-P_{z(z)}}\big[\lg(1-D(G(z)))\big] \tag{5-1}$$

式中:x——真实图片;z——输入 G 网络的噪声;$G(z)$——G 网络生成的图片;$D(G(z))$——D 网络判断图片是否真实的概率;$\lg D(x)$——判别器对真实数据的判断;$\lg(1-D(G(z)))$——对数据的合成与判断。

通过这样一个极小极大(minmax)博弈,循环交替地分别优化 G 和 D,来训练所需要的生成网络与判别网络,直到到达纳什均衡。

第二节　生成对抗网络图像的艺术设计与应用

一、生成艺术设计

随着计算机技术的持续进步,计算机设备的便携性与操作的便捷性显著增强,利用计算机进行艺术创作已逐渐褪去神秘面纱,计算机生成艺术也跨越了科研机构的界限,广泛渗透至社会各界。自 20 世纪 60 年代起,生成艺术展现出向多元化领域及方向拓展的趋势。至 20 世纪 90 年代末,随着专门计算机程序的研发成功,创作者得以通过编程方式为视觉艺术赋予数字编码,如数字设计与处理等领域,这一技术革新极大地降低了生成艺术的门槛,使其普及成为可能,进而激发了公众对生成艺术的浓厚兴趣。在此背景下,来自不同领域的概念艺术家、设计师、音乐家及理论家因共同的兴趣而会聚,形成了跨学科、多文化的交流群体,促进了生成艺术概念和表现形式的深度提炼与时代融合。

1998 年,意大利米兰理工大学成功举办的首届国际生成艺术会议,标志着生成艺术的概念从静态形式艺术向动态艺术品系统转变,该系统能够生成一系列艺术品活动。同时，该会议还将生成艺术的概念应用于几何抽象艺术领域，通过简单元素的复制、重复、转换或变异，创造出更为复杂的艺术形式，实现了艺术作品的动态生成。这一扩展定义使得生成艺术不再局限于视觉图形，而是向音乐、文学、建筑等多个领域延伸，催生了不同领域内各具特色的生成艺术文化集群。1999 年，澳大利亚举办的电子艺术生成系统迭代会议，围绕"电子生成艺术"的作品与价值展开了深入讨论，引发了社会各界对艺术定义的广泛思考，进一步拓宽了生成艺术的边界。2012 年，克里斯蒂诺·索杜与恩丽卡·考拉贝拉共同创立的 *Generative Art Science and Technology hard Journal* 期刊，不仅为生成艺术领域提供了丰富的理论资源，还彰显了对生成艺术广阔前景的乐观预期及对行业发展的深切关注。

随着多学科与跨学科融合的深化，媒介与技术的革新促使艺术设计领域实现了前所未有的跨越：从静态至动态，再到交互式体验；从二维平面向三维立体，乃至沉浸式环境的演变，技术与设计的融合孕育出的审美价值预示着未来无限的可能性。视觉设计师群体普遍采用了一种工作模式，即持续从文化与艺术的广袤土壤中汲取风格和元素，并运用计算机辅助设计软件，结合个性化的传达内容，在多样化的媒介载体上进行传播。但设计软件在赋予设计作品绚烂视觉语言的同时，也无形中框定了其内在潜能的边界，导致设计作品在对过往文化浪潮的反复借鉴中呈现出泛同质化趋势，难以灵活应对复杂多变的应用需求。面对设计语言相对匮乏的现状，生成艺术的兴起为设计创造力的提升开辟了新的路径，其概念在各领域内逐渐趋同并达成了广泛共识。

在音乐与视觉艺术的语境下，生成艺术设计主要指的是通过激活预设系统或规则来生成作品，艺术家在此过程中让计算机承担部分决策职能。生成艺术仿佛是被人类赋予了遗传编码的数字实体，人类借助计算机使数字信息处于动态、多变且复杂的构造过程中。每个生成项目都构成了一次概念性的探索，旨在创造出独特、不可复制的变异，或者多种思想的多维表达。这种创新形式标志着艺术、设计与构图领域的新纪元，人类再次效仿自然，试图在人工干预的框架下创造出具有新自然属性的作品。

2014 年，生成艺术迎来了重大转折点。得益于人工智能技术的突破性进展，由人工智能创作的艺术设计在生成艺术领域迅速崛起。生成对抗网络的出现，使机器能够模拟人脑的思维模式，成功创作出与模拟艺术相媲美的作品。

无论是人物、物体、场景，还是真实与虚拟的视觉内容，只要能够以二维图像的形式输出，生成对抗网络均可通过训练实现。技术与艺术设计的深度融合在视觉领域内达到了近乎完美的实践水平，无限趋近的不竭创造力已不再是艺术设计者的遥不可及的梦想。

生成性理念极大地拓展了人类的创造力，其潜力之巨大、影响之深远，堪称惊人且似乎永无止境。人类能够根据自身的视觉认知制定规则，利用生成系统创造出具有辨识度的新事物，以此改造世界。这种生产方式不仅极大地丰富了人类的创造力，在计算机时代之前更是难以想象的。如果说在机械时代的初期，机械复制与工业化生产曾一度被视为创造力的枷锁，那么如今，通过生成的方式，直接作用于系统的代码已成为人类探索新领域的钥匙。它不仅深化了我们对创造力的理解，还拓宽了我们的审美视野，彰显了创造力作为艺术与科学之间不可分割的综合体的独特价值。

二、生成对抗网络图像艺术设计

生成对抗网络图像设计可视为生成艺术设计领域的一个专门分支或精细化领域。它在抽象图像设计的范畴内，不仅涵盖了几何图案、对称分形、噪声生成及纹理设计等多个方向，还进一步超越了这一范畴，专注于具体图像的变化与生成。基于基础 GAN 架构，该领域不断拓展，形成了更多功能性算法，并广泛应用于各类视觉艺术中。如前所述，GAN 的运行机制是在传统生成艺术系统的基础上融入一个判别器组件，通过生成器与判别器间的动态博弈，逐步接近设计师所设定的"完美"审美标准，其中，机器的自治权限仅限于艺术设计作品的部分制作过程。

与其他计算机算法及程序相比，GAN 的独特优势在于其能够利用算法将人工智能的应用从特定领域推向更广泛、更普遍的实践场景。近几十年来，人工智能研究日益依赖于机器学习等统计方法，旨在实现系统在人为干预最小化条件下的自主推理与学习。但是，这种模式的机器学习能力及其在各领域的应用均受到一定限制。2014 年，GAN 的提出恰逢其时，它采用了一种创新的创造性策略，充分利用了不断增强的计算能力以及海量数据集的可用性，通过神经网络进行博弈训练，显著地提升了计算机的生成效能，并极大地扩展了人工智能的应用范围与功能多样性。这种灵活且高质量的生成模型自然而然地渗透到了计算机图形的相关领域，促进了生成对抗网络图像设计的兴起。

在当今多元化发展的时代背景下，艺术设计师及相关领域的研究者日益认识到科学与艺术设计之间的紧密联系，这为艺术设计领域开辟了新的视角，使其能够从其他维度探索时代的多元面貌。每个新兴的生成器框架都蕴含着丰富的技术和创造潜力，艺术家和设计师通过不同的数字生成框架与观众互动，将艺术设计转变为一种过程性实践，从而最大程度地体现审美的主观性。例如，基于 GAN 技术的 Tokkingheads（特效拍照软件）应用程序，能够实现为任意面部图像添加动态效果，仅凭音频或文本输入即可使静态图像生动起来，这一创新不仅拓宽了设计与艺术的边界，还促使创造力向个性化方向发展。

生成对抗网络图像设计实质上是人工智能"遗传密码"所孕育的概念产物。每个生成项目都相当于一种概念性软件，致力于产生独特且不可复制的事件，并通过多个维度展现其惊人的创意生成能力。这种创造性行为极大地拓展了人类创造力的边界，使其变得不可预测、令人惊叹且永无止境。在 GAN 图像设计的生产过程中，计算机仅作为存储与执行的工具，该方法的应用无疑开启了设计与工业生产的新纪元。人类再次效仿自然，期望在机械复制时代，利用机械手段探索艺术创造的新境界。如果说在计算机时代的初期，这些机械工具似乎对人类创造力造成了某种削弱，那么如今，通过直接在数字代码中运行生成工具，人类正试图在艺术设计与科学之间创造出融合的新成果。

（一）生成对抗网络图像艺术设计的实质

1. 生成对抗网络图像艺术设计的主体与客体

从辩证哲学的视角审视，主体与客体构成了行为实施和受动的核心范畴。主体作为行为的执行实体，与作为其意图改变或施加影响的对象——客体，形成了深刻的互动关系。在社会中，主体通常指那些积极参与实践与认知活动的人，而客体涵盖了受这些活动直接或间接影响而发生变化的自然与社会实体。客体的界定依赖于主体的概念框架，据此可细分为自然属性、社会属性乃至精神属性等多个维度。

介于主体与客体之间的是多样化的工具、手段及其运用方式，它们构成了两者互动的桥梁与媒介。康德哲学强调主体与客体的相互生成性，揭示了它们之间既共生又依赖的紧密联系。在人类历史进程中，主体的创造性与能动性驱动着其从自身利益出发，积极作用于客体；同时，对客体的改造和创新也反馈性地塑造了主体的行为模式与能力结构。因此，从哲学的高度来看，主体和客体的关系映射了人类与世界相互作用的本质，即主体通过中介手段对客体实施实践，这一过程既深刻又富有研究意义。

时至今日，关于主体与客体的探讨已跨越哲学的界限，渗透至各学科领域，催生了具有学科特色的新诠释。在设计学语境下，主体与客体的哲学理念被吸纳并转化，用以阐释设计生产的实质——设计师不断响应并满足社会文化需求的动态过程。这一过程本质上是缩小社会主体的当前状态与理想状态之间的差距，通过需求的满足来促进矛盾关系的消解。

相较于艺术领域对审美与表达的追求，设计领域更侧重于以人的需求为首要导向。设计起源于人类生存的基本需求，并在此基础上随个体需求的层次差异而发展演变。生成对抗网络设计与当代大众需求之间，展现了一种相互塑造、动态调整的互动模式。在此背景下，生成对抗网络图像设计的主体明确指向设计师，而客体涵盖消费者及市场。设计师作为赋予设计系统行为意图的主体，即便在系统展现出无监督学习特性的情况下，依然扮演着核心角色，凸显了人在设计创造过程中的主导地位。

现代设计史的叙述框架主要聚焦于设计者视角，将设计视为设计师个体创造力的体现，其发展轨迹被精练为设计师个人历史的映射，设计作品则成为设计师个性与意愿的传达媒介。但在生成对抗网络艺术的语境下，设计活动的主体性不再完全掌握于设计师手中，设计成果的随机性和独特性赋予了生成对抗网络系统对特定设计行为进行自我解释的能力。此外，在传统工业化社会背景下，设计师与用户的互动模式已从直接对话转变为以产品为中心的单向辐射，在设计成熟后，通过标准化生产线确保产品的一致性和使用界面的统一性，以满足广泛的社会消费需求为首要设计目标与动力。在此背景下，强调应用与实践的现代设计越发倾向于高效、便捷且互动性强的智能生成设计系统，以适应当前去中心化与个性化文化表达的需求。

在当代设计中，设计客体的本质更趋近于设计文化而非单一市场。全球化进程的加速使得文化特征与文化边界趋于模糊，具备思考性的设计成为构建全球文化市场不可或缺的要素。设计所催生的物质文化体系成为理解、传播及丰富文化内涵与基调的强效工具。生成对抗网络凭借其广泛的适用性，已在多领域得到实践应用，公众在不经意间已置身于生成对抗网络图像设计所营造的环境中，设计主体在用户与产品的互动使用中逐渐模糊。从狭义层面看，当代人工智能艺术设计中的主体与客体已无法沿用传统艺术设计的衡量标准，需结合受众当前的使用习惯、审美环境及状态进行综合考量。但从广义层面看，无论是生成艺术还是生成对抗网络设计，其设计主体均涵盖创造生成系统、制定设计规则的艺术设计师以及参与设计过程的系统，机器所展现的有限自主权源自人类的主观能动性。同时，生成对抗网络图像设计的客体仍然是艺术设计领域恒久不变的核心议题：文化与市场。

2. 生成对抗网络图像艺术设计的形式与内容

生成设计范式开辟了审美体验的新维度，其核心理念在于将系统动力学的原理融入人造物品与体验的创作流程。在此基础上，生成对抗网络艺术设计进一步拓展了这一领域，通过引入神经网络算法，实现了对生成设计内容的策略性优化与升级。

作为生成艺术设计的一个高级分支，生成对抗网络设计在创作模式和运作机理上与前者保持了一致，其核心在于设计师赋予机器在视觉图形处理上的部分自主权限，通过设定规则框架引导机器进行创造性探索，进而产出独一无二、不可复制的艺术设计成果。从 GAN 的图像生成机制来看，判别器依据图像特征与输入数据集样本的学习模式进行对比分析，判断生成器所生成的图像是否与样本属于同一类别；若判定为异类，则视为伪图像，这一机制确保了GAN 框架能够高度接近目标类型的视觉效果。利用这一计算架构，设计师得以实现对任意视觉图形作品的艺术化批量定制。由于设计师在整个设计过程中占据主导地位，且设计规则由其掌控，因此，GAN 生成的每件图像作品均能体现设计者的独特意图，同时在图像表达上展现出显著的差异性。生成对抗网络的算法在艺术家与设计师设定的规范框架内实现了有意义的自我调控，成为人类艺术设计活动中一种新颖且强大的辅助工具。此外，GAN 设计框架展现出高度的灵活性，"对抗"设计理念是其核心所在，使设计内容能够根据实际需求进行灵活调整，以适应更广泛领域的应用需求。

当前，以生成对抗网络为基础的创作模型已广泛应用于艺术设计的各个领域，无论是艺术门类的纵向深入，还是视觉领域的横向拓展，其生成内容均能根据设计者的不同需求，在基础框架内衍生出多样化的专业变体，展现出极强的适应性。同时，设计者可通过调整生成模型的自主程度，实现不同梯度的实践效果，以满足各行业的实际需求。无论是创意导向的原型变体，还是仿真为主的模型结构，GAN 内容的生成均旨在更好地服务于艺术设计领域。因此，直至今日，GAN 的各类实践应用仍在不断探索更为广阔的设计研究领域，持续推动艺术设计领域的创新与发展。

（二）生成对抗网络图像艺术设计的元素

1. 系统

在生成对抗网络图像设计的领域，系统构成了其核心要素与基础框架，它显著地界定了各类生成性艺术设计作品的独特风貌，成为辨识不同图像艺术创作手法的重要依据。对这些生成系统的区分，可将其复杂性、有序性及无序性等特性作为分类的组织原则，以实现有效地辨识与分析。生成对抗网络的设计流程实质上是创作者在既定系统框架内审美偏好的一种映射与展现，此过程虽蕴含随机性，但不失有序性，能够孕育出多样化的艺术形式，相较于传统单一固化的设计模式，展现出更为突出的创造力。

在此情境下，艺术家与设计师的角色转变为构建者和初始指令的设定者，他们仅需选定某一生成表达式的程序架构，随后的生成模型便能自主产出多样化的诗歌、图像、旋律或动画视觉效果。通常情况下，每次数据迭代都会产生不同的输出结果，这恰恰契合了多数生成系统的核心追求。艺术设计创作者自然期望这些产出不仅蕴含审美价值，而且在审美特性上能够彼此区分，彰显独特性。

依据不同的生成对抗网络架构，部分生成艺术能够在无须人工干预的情况下，自主地传达艺术理念并创造视觉图像；一些作品则要求用户或环境输入，以与作品或设计理念产生互动性表达，从而丰富艺术体验的层次。在生成对抗网络的图像艺术设计中，系统享有一定程度的自主权，一旦规则设定完毕，生产过程便无须持续监控，系统能够自我组织与管理。这一过程看似自主，实则受到生产者、硬件及软件间复杂而协同的相互作用调控。因此，涉及生成对抗网络的艺术设计，其生产关系错综复杂，设计流程与操作模式超越了简单的开放或封闭范畴，展现了更为动态与灵活的创作机制。正如某些创新实践所示，系统严格遵循预设的行动准则，在创作历程中理性地排除或替代个人的感性因素，依托系统的自主性，决定并呈现新的艺术设计内容，展现了技术与艺术融合的无限潜力。

从技术维度审视，GAN 依托深度学习框架，推动了生成系统的发展。在此框架下，系统的核心目标在于创造出新型数据样本，这些样本须达到足以让人类难以区分其是否源自真实数据集的水平。此目标的实现有赖于成功的训练过程，使对抗性网络能够辨识数据模式并习得数据集的分布特征。GAN 的架构主要由两大深度学习模型构成：生成器与判别器。生成器的训练旨在从预设的噪声中生成新的数据点，判别器则负责区分数据的真伪。两者通过相互竞争，不断优化训练效果。迄今，GAN 已在多项任务中展现出卓越成效，如生成高度逼真的图像、场景，乃至创造出人类难以辨识真伪的人物形象。因此，与既往方法迥异的是，GAN 为计算机在无人类监督条件下生成艺术作品提供了可能。它们能够自主地从给定数据集中学习规律，并据此生成新样本，这在计算机图像设计领域具有极高的应用价值。此外，得益于技术与数字化的飞速发展，构建生成对抗网络所需的两大关键要素——数据集与计算能力，已日益普及。传统计算机艺术设计往往依赖于大量的人类监督与编程，这极大地限制了艺术设计的广度与深度。传统方法的这些局限性，为生成对抗网络在艺术设计领域的介入创造了前提条件。作为一种无监督的生成系统，生成对抗网络自然而然地成为破解计算机生成艺术设计难题的优选方案。

2. 设计者

在传统设计范式中，设计者扮演着探索多元化解决方案的关键角色，这些方案横跨美学、符号学、文化学、动力学、工业设计以及企业管理等多个维度，体现了功能与审美的多样融合。设计者与其设计产物之间的联系，呈现出一种直接且单向的特征。相比之下，采用计算机生成技术，尤其是生成对抗网络进行设计，则展现了一种全新的设计逻辑：设计者通过构建与调整规则或系统，促使这些元素相互作用，从而间接地导出最终设计成果。在此情境下，设计者不是直接干预具体的设计产物，而是操控影响产物生成的规则与系统框架。这一转变标志着设计活动向元设计层面的升华，其中，最终设计的实现是交互系统动态运行特性的直接体现。在此背景下，设计的艺术价值蕴含于规则的巧妙设定、环境条件的精心布局以及生成产物与这些因素间的深刻互动之中。

尽管生成对抗网络图像设计带有一定的随机性与不确定性，且缺乏一套正式或指令性的方法来精确指导这种互动关系，但其核心仍未脱离设计者的主导作用，这一点与传统设计不谋而合。随机性与系统自主性均在设计者设定的边界内自由发挥，且审美准则的根源依旧追溯至设计师的创意构想。在计算机艺术的广阔天地里，一个普遍共识是，艺术品的诞生源自一组特定规则或约束的引导，而非遵循某个固定、线性的算法流程。因此，对于艺术品生成的具体技术细节，其重要性往往让位于规则设定与创意构思本身。

生成对抗网络在图像设计领域的应用，标志着艺术设计范式的深刻变革，为设计者的角色赋予了新的内涵。此过程依托于一种创新的机制，即"赋予初步自主性以启动创作流程"，进而孕育出完整的艺术作品。具体而言，这涉及双重创造性行为：首先是设定设计的基本法则，其次是这些法则的自动化延展。设计者通过精心编排的指令集与算法，实质性地驱动程序运行，从而开启了一个在适度监督下自主演进的过程，这一过程充满了不可预知的创造性发展。因此，将生成对抗网络艺术的设计者与传统艺术的设计者等同视之是不恰当的。相较于传统设计模式，生成对抗网络艺术的设计者更类似于创造者，他们通过编码激活一个系统，并允许该系统在数字领域内自由地展现其内在关联性。

尽管采用了计算机生成式方法，但设计者并未全然放弃对生成结果风格的把控。即便在具有随机性特征的生成设计中，艺术设计者仍能通过特定手段对作品进行个性化的"标记"。这包括在图像中融入具有品牌标识性的固定元素，以确保设计系列的一致性和辨识度，或者在设计流程中烙印上设计者鲜明的个人风格。同时，生成对抗网络的设计者还需关注设计的一致性问题，无论设计过程发生何种变化，设计者都需监控并调整模型生成过程中可能出现的过度偏离现象。对于艺术设计而言，取得一个相对可预测且可控的结果，始终是视觉传达与文化表达的核心目标。

综上所述，设计者在生成对抗网络艺术设计中的角色，不仅是动态创作过程及其行为的关键约束力量，还是构成这一新兴设计范式不可或缺的设计要素。

3. 受众

在生成对抗网络的艺术设计范畴，人类观众的角色超越了传统意义上的被动观察者，转而成为积极的参与者。诚然，观众的主动性在审美活动中历来不可或缺，因为审美鉴赏本质上是一个包含主动心理加工的过程。正如某些理论所指出的，创造性活动并非艺术家单方面的行为；观众通过解码并阐释作品内在的含义，促使作品与外部世界建立联系，从而在创作过程中贡献自己的力量。但在传统观念中，即便是观众的贡献，也主要局限于对作品"内在"属性的解读，即作品可感知的层面，而审美对象本身并不因观众的介入而发生改变。

相比之下，在生成对抗网络参与的图像艺术设计中，作品的形式或内容在很大程度上是由观赏者或使用者塑造的。生成对抗网络展现出强大的互动性，这种互动性不仅体现在设计作品生成过程中的互动模式上，还深植于其技术理念中。从更宽泛的视角来看，生成对抗网络图像设计隶属于计算机艺术设计的范畴，因为创作者通过设定规则和系统，将设计作品最终形态的决定权赋予了计算机。计算机在作品生成过程中，天然地具备与环境进行互动的能力。尽管观众的反馈程度各异，且他们可能并未意识到自己的行为正在影响视觉设计作品，也未明确何种行为会引发何种变化，但这种可变性恰恰是生成对抗网络图像设计美学的一个重要组成部分。

生成式图像设计的体验方式是多元化且丰富的，它不仅能够在传播媒介上融合多种媒体，通过与媒体的互动创造出新的艺术设计形式，还能够充分利用高科技手段实现技术与艺术图像的交互，进而影响受众的审美体验和感知。在存在方式和形式上，生成式图像设计区别于传统艺术设计，它摆脱了对传统设计范式的依赖，所生成的作品蕴含着独特的审美情境。在当今社区意识逐渐淡化的社会背景下，个性化表达在人际交往中具有重要价值，这在很大程度上得益于交流反馈理论在艺术设计领域的应用。传统艺术设计已难以满足现代受众的个性化需求，艺术设计也不再是单向传播的信息载体，其受众早已以多种形式参与到艺术设计的过程中。

4. 进化系统

进化系统是一种在计算机环境中模拟自然界选择与繁殖机制的技术框架，其在计算机动画及图形设计领域展现出了广泛的应用潜力，尤其体现在生成对抗网络的运用上。

在生成对抗网络的语境下，艺术设计的产出可视为生成系统进化历程的直接体现。该过程始于一组随机参数的初始化，这些参数构成了潜在设计方案的基础，并可视化地呈现给设计者。随后，设计者的审美判断成为筛选"最优"设计的关键，这些优选设计作为"亲代"，通过模拟的遗传机制，孕育出继承并可能优化前代特征的新设计群体，这一过程类似于自然界中基于果实特性进行的人工选育。此外，一种策略涉及设计者明确编码适应度函数，该函数一旦被嵌入进化系统，便能引导计算机在无须人类持续干预的情况下，自主推动多样生成目标向成功设计的方向进化。在追求具备特定美学标准的创新设计时，此种交互式进化策略尤为有效。尽管它强调了与人类用户（创作者与使用者）的密集交互，但这是机器设计在设计领域应用时必须克服的一个重要挑战，即设计系统的进化进程高度依赖于人类的交互式指导与选择，尤其是对于"美"与"丑"等难以量化编码的主观审美标准，生成对抗网络提供了一种有效的处理途径。

生成对抗网络在图像艺术设计上的成功，依赖于包括称为遗传算法的自我修正程序。从美学视角审视，系统初始生成的设计往往缺乏意义，甚至显得杂乱无章。但是，通过随机引入一种或多种变化与突变到这些初始设计中，并结合选择性程序或由创作者界定的适应度函数来筛选最具潜力的下一代候选，这一过程迭代数百次之多，只要突变幅度控制在合理范围内，便能逐步接近理想设计，最终促使生成器产出高质量的艺术作品。

三、生成对抗网络图像设计应用

（一）以图像生成为目的的应用

1. 高质量的图像生成

生成对抗网络自问世以来，便致力于提升计算机视觉图像处理的质量，由此催生了一系列基于 GAN 的算法变体，旨在实现多样化的图像处理效果。在面向多样本训练类别的算法领域，Progressive GAN（渐进式生成对抗网络，ProGAN）以其卓越的内容生成能力脱颖而出，能够生成高分辨率且逼真的大尺寸图像。经过特定数据集的训练，ProGAN 在多个计算机视觉及图形设计领域展现了广泛的应用潜力，尤其在服装设计领域，PixelIDTGAN 模型能够根据街拍或商品图片，推断出服装的多视角三维形态，这一技术不仅能够为服装设计提供有力的技术支持，还能够在电子商务领域优化用户的款式选择体验。

针对单样本或少样本学习训练场景，GAN 框架下的变体模型 AFHN 应运而生，该模型在少量样本条件下仍能有效进行 GAN 的训练，通过加入分类正则化器和抗塌陷正则化器，显著增加了合成特征的多样性。与此同时，Sin-GAN（全卷积 GAN 模型）作为一种针对单张自然图像学习的生成模型，通过像素级别的图像分割，学习并总结图像小块数据的分布规律，最终生成高质量的自然图像，展现了其在单样本学习中的独特优势。

此外，在原始 GAN 架构的基础上，Big-BiGAN 作为一种新型结构，实现了对图像特征信息的更完整提取，并生成了质量上乘的样本。Big-BiGAN 的构建逻辑融合了 BiGAN 的变分自编码器（VAE）结构，为图像处理引入了新的优化策略，同时借鉴了 BigGAN 算法，使数据处理能够达到 2048 的批量，从而达到了高保真度、高细节粒度的图像处理效果。通过将 BiGAN 与 BigGAN 的优势相结合，Big-BiGAN 不仅弥补了先前深度卷积生成对抗网络（DCGAN）的不足，还进一步提升了生成模型的图像生成质量，为计算机视觉领域的研究与应用提供了新的思路和方向。

2. 文本、语义生成图像

文本至图像的生成是生成对抗网络领域一个极具创新性的研究分支，其不仅蕴含深厚的学术价值，还展现出广阔的应用潜力。此过程涉及将语言描述转换为具有相应特征的视觉图像，其技术路径主要指向多媒体融合与视听交互的相关应用领域。尽管早期探索在文本生成图像方面已取得能够产生符合人类语义理解的图像的成就，但这些图像在细节信息的保留上存在显著不足，导致生成模型的拟合精度与期望存在较大差距。

在此基础上，当前研究聚焦于开发以文本和语义为引导的高分辨率图像生成模型，其中，StackGAN（基于 GAN 的模型，主要用于从文本生成高分辨率的图像）的涌现尤为引人注目，它实现了令人瞩目的性能提升。StackGAN 通过分阶段的方式，依据文本和语义信息逐步生成图像，并在模型架构中融入条件增强机制，这一创新举措显著提升了生成图像的平滑度与真实感，达到了高度逼真的视觉效果。此外，GAN 技术在文本生成图像领域的实用化进程正不断加速，如 CookGAN 已能实现基于文本条件的自动化图像菜单生成，TiV-GAN 则展示了根据文本描述生成视频序列框架的能力。这些进展进一步验证了 GAN 在文本至图像生成领域的强大应用潜力和实际价值。

（二）以图像风格迁移为目的的应用

图像变换处理作为生成对抗网络的核心应用领域之一，其强大的函数逼近能力极大地推动了风格迁移技术在艺术设计领域的创新与发展，并展现出广泛的应用价值。

图像风格迁移本质上是一个将图像 A 按照图像 B 的风格进行再创造的过程，这一技术广泛应用于图像风格转换、纹理合成与替换、非真实感图像渲染、真实场景图像再现以及图像跨域处理等多个方面。在计算机视觉的研究范畴，CycleGAN（循环生成对抗网络）以其独特的双重转换与重构误差训练机制，成为图像风格转换领域的标志性算法，成功地实现了季节变换、物种形态转换以及艺术风格转换等一系列引人入胜的应用。

1. 图像风格转换

在图像相互转换的研究实践中，CycleGAN 算法通过同时训练两组生成与判别网络，不仅实现了非配对数据间的图像转换，还通过一对网络模仿目标风格，另一对网络还原原始图像，展现了高度的灵活性与实用性。此外，Gated-GAN 通过学习多样化的风格类型，并结合 LabelGAN 的概念对不同风格进行标记，实现了更为精细的控制。PatchGAN 结构则以其对纹理细节和风格特征的敏锐捕捉，在提升图像风格转换的细腻度方面表现出色。同时，StyleGAN 凭借卓越的数据拟合能力，在图像风格转换上达到了自然且逼真的效果。

2. 纹理合成替换

在计算机图形图像设计中，纹理合成替换是 GAN 研究的重要分支。为了实现艺术风格的自动化转换，首先在于提取图像局部特征的统计模型，以学习并理解纹理的内在规律。随后，在生成模型的框架下，运用所学规律生成具有相似纹理结构的新图像，从而实现风格的无缝迁移。在此过程中，GANs 通过图像重建技术与统计模型的有机结合，实现了图像间风格迁移的高度一致性。DiscoGAN 在纹理合成与替换方面展现了卓越的性能，为图像风格迁移的研究与实践提供了新的思路和方法。

3. 非真实感渲染

非真实感渲染技术不仅应用于纹理合成，还广泛涉足数字艺术创作的图像风格转换。非真实感渲染的核心机制在于，它能够精准地模拟并学习现有的绘制风格，进而将这些风格规律巧妙地融入真实图像的渲染过程。此外，该技术还赋予了创作者极大的灵活性，允许他们通过调整相关参数，探索并发展全新的绘制风格，极大地丰富了计算机图像设计的表现力和创意空间。

4. 真实的图片场景呈现

真实图片场景的呈现无疑是风格转换领域的一项艰巨任务。特别是在追求高清晰度图像输出的背景下，昼夜变换处理尤为复杂。为此，研究者们提出了 HiDT 模型，该模型通过生成对抗网络的巧妙链接，实现了对静态观景数据在训练过程中的高精度昼夜转换。这一创新不仅提升了图像转换的逼真度，还确保了高分辨率的输出效果，为真实图片场景的高保真呈现提供了有力的技术支持。

5. 图像跨域

图像跨域转换是图像变换领域的重要挑战，设计者们已经在此方面取得了显著的进展，如具有从边框生成手提包等简单图像的功能。同时，在漫画创作领域，图像的自动填色技术正逐渐成为研究的热点。研究者们正致力于利用生成对抗网络，实现计算机对人工上色的有效替代，以期减轻漫画创作中的繁重劳动，提高创作效率。这些技术的不断发展，无疑为图像跨域转换和自动填色提供了广阔的应用前景与深入的研究价值。

（三）以图像安全为目的的应用

异常检测在医学成像、制造业及网络安全等领域均占据着举足轻重的地位，其实现过程要求对高维度且结构复杂的数据进行精确建模。在此背景下，基于生成对抗网络的异常检测方法展现出了显著的有效性。该方法通过 GAN 深入学习真实数据的分布规律，进而实现对高维复杂数据的精准建模。当面对虚假或异常数据时，GAN 中的判别器组件能够凭借其强大的辨识能力，有效地识别出这些异常情况，相较于传统算法，GAN 模型在异常检测方面展现出了更为突出的优势。

人脸识别技术的精确度在不断提升，异脸识别算法已成功部署于地铁、火车站及机场等人员密集场所。但在高度拥挤的环境中，实现对每位行人的准确识别仍面临挑战。此外，人类面部的多样性和表情的丰富性，尤其是当面部仅部分出现在视野中时，现有技术往往难以有效识别。因此，如何借助科技手段从局部信息中推导出全局信息，成为当前亟待解决的关键问题。相关研究表明，受人类视觉识别机制启发的双向生成对抗网络（TP-GAN）在快速人脸识别方面表现出色。该网络通过融合全局结构与局部细节，生成具有高度真实感的图像，同时保留个体的原始身份特征。TP-GAN 能够根据从不同视角、光照条件或姿势下拍摄的部分面部信息，合成正面的高质量图像。

除了在人脸识别等应用中的广泛用途，GAN 还凭借其卓越的生成能力，在个人隐私保护领域发挥着重要作用。随着人工智能交互技术的迅猛发展，社会对计算机视觉技术可能带来的数据隐私泄露问题日益关注。因此，在计算机视觉领域，如何在实现动作跟踪或识别的同时，有效保护个人身份信息，成为一个既重要又迫切的需求。CIAGAN 作为一种基于条件生成对抗网络的图像和视频匿名化模型，能够在去除人脸和身体识别特征的同时，生成高质量的图像和视频，而这些处理后的数据仍可用于任何计算机视觉任务，如检测或跟踪，从而在保障隐私的前提下，实现技术的有效应用。

第三节　面向图像识别的混合生成对抗网络研究

一、基于图像修复的生成对抗网络

（一）图像修复

在计算机视觉技术领域，图像修复是一项非常重要的、有意义的研究课题，主要是利用计算机对缺失图像进行修复，并且在修复过程中，要尽可能还原缺失区域的完整信息。自 2018 年起，随着生成对抗网络技术的高速发展，涌现出了大量基于 GAN 的图像修复方法，其中一些方法已经能够生成足够真实的图像样本，这些方法为解决图像修复问题提供了一个全新的思路[①]。恢复图像数据是全世界许多研究员关注的焦点任务，许多不同类型的图像可能具有想要修复或替换的区域。为了执行成功的图像修复，需要为图像中的特定图像区域提供符合逻辑的替换。根据含义，图像修复类似于其他任务，如数据插补或图像去噪。生成对抗网络模型具有更高的学习能力，能够填充图像中的高容量区域。

图像可能因为各种各样的原因发生损坏，其中包括通过高斯噪声等采集通道引入的噪声，对照片的物理损坏，对叠加文字或其他图形引入的人工编辑。图像恢复技术的目标是从噪声观测中恢复未腐蚀的图像。图像修补是一种图像

---

① 孙皓，伊华伟，景荣，等．基于生成对抗网络的图像修复算法［J］．辽宁工业大学学报（自然科学版），2023，43（6）：391．

恢复技术，可用于修复缺失的像素值，如空洞、划痕、缺失区域等，或者通过人工编辑去除图像上复杂的图案，如文字或其他图形。

图像修补首先检测需要修补的图像的位置，然后生成一个相应的图像补丁，因此，图像修补算法的核心思想是利用邻居的可访问信息来填充损坏的、缺失的区域，并消除不需要的物体。目标是以不可检测的方式修改已损坏的图像，使观察者无法观察到图像曾经有噪声。图像修补是图像恢复中比较典型的问题，不仅具有图像恢复的方便性，而且是许多应用的重要预处理步骤。当图像受到高斯白噪声的损伤时，会出现去噪问题，这是许多采集通道的典型结果；当图像缺少某些像素值或被遮挡了更实用的模式，如叠加的文本或其他对象时，则需要进行图像修补。图像修补方法可以分为两类，即非盲修补和盲修补。在非盲修补中，需要将修复的坏区作为先验信息提供给算法，而在盲修补中，关于损坏区域的信息没有被提供给算法，因此算法必须自动分析需要修补的像素。

（二）生成对抗网络在图像修复中的运行机制

传统上，人工神经网络已用于特征提取和识别任务，而生成模型旨在尽可能地近似数据分布。为了给这些生成模型定义一个成本函数，将数据集看成概率分布。作为示例，下面将描述如何生成一个 ORL 人脸数据集。一个可以产生图像的生成模型也可以看成一个概率分布。因此，如果有一个可以测量概率分布之间的差异的函数，把它当作损失函数来训练一个 ANN。生成性对抗网络是一种人工神经网络，是一个产生式模型。它由两个较小的 ANN 组成，它们具有两个不同的角色。GAN 的一部分负责从噪声矢量生成数据，因此这部分被称为发生器。GAN 的另一部分负责预测输入图像是真数据还是假数据，因此这部分被称为判别器。判别器尝试最小化这些标签的交叉熵损失，而生成器尝试最大化相同的损失。换言之，生成器试图通过将输入映射到判别器预测为真实的图像来欺骗判别器。生成器的最佳参数定义为

$$\underset{G}{\arg\min}\underset{D}{\max}\left[E_{x-P_r}\left[\log(D(x))\right]+E_{z-P_z}\left[\log(1-D(G(z)))\right]\right] \tag{5-2}$$

由此，可以导出判别器和发生器的损耗函数。发电机的损耗表示为 $L(D)$。当对发电机参数求导时，用 $D(x)$ 表示的项是一个常数，因此可以去除状态。该损失函数表示模型分布与目标分布之间的詹森－香农散度，这一损失称为对抗性损失。

$$L(D)=-E_{x-P_r}\big[\log(D(x))\big]-E_{x-P_g}\big[\log(1-D(x))\big] \qquad (5-3)$$

$$L(G)=E_{z-P_z}\big[\log(1-D(G(z)))\big] \qquad (5-4)$$

模式崩溃生成模型应该能够捕获目标数据分布的所有模式。模式崩溃是指 GAN 未能做到这一点，而图像生成的上下文希望 GAN 生成一组不同的图像。但是，如果有一个图像使生成器的损失最小化，则生成器可以学习将每个输入仅映射到该点。探测模式崩溃的一个简单方法是查看生成的图像，如果生成器只创建相似的图像，则会发生模式崩溃。

1. 自编码器

自编码器是使用反向传播设置的无监督神经网络。当输出值与输入值相同时，其使用自编码器的 $y^{(i)}=x^{(i)}$ 结构，如图 5-2 所示，其中 +1 表示偏置单元，L1 层通过 Encoder（编码器）表示输入层，L2 层通过瓶颈表示隐藏层 h，L3 层通过解码器表示输出层，用于重构输入。

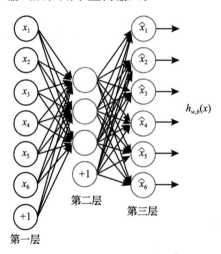

图 5-2　自编码的结构 [1]

自编码器包含两个组件，即编码器函数 $h=f(x)$ 和表示重构 $r=g(h)$ 的解码器。如果自动编码器在学习设置 $g(f(x))=x$ 的过程中完成，那么它实际上没有用处，因此自动化编码程序的设计是无法完美复制学习的。大多数情况下，它们被限制为只能进行近似复制，并且只能复制具有训练数据特征的输

---

[1]　图 5-2 引自：WORAWIT B. 面向图像识别的混合生成对抗网络研究［D］. 贵阳：贵州大学，2023：21.

入。由于模型必须对应该复制的输入进行优先级排序，因此它经常学习数据的有用属性。自动编码器可用于降维或特征学习和信息检索任务。

自编码器的工作流程如图 5-3 所示。

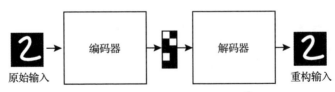

图 5-3 自编码器的工作流程[①]

2. 上下文编码器模型

上下文编码器（CE）是一种无监督的由基于上下文的像素预测驱动的视觉学习算法，其中卷积神经网络被训练以生成任意图像区域的内容，该内容取决于其邻近区域。为了成功地完成这项任务，CE 需要理解整个图像的内容，并为缺失的部分提出可能的假设，加上对抗性的损失。研究者们发现 CE 学习的表示法不仅可以捕捉外观，还可以捕获视觉结构的语义。分类、检测和分段心理训练任务定量地证明了 CE 学习特征在 CNN 预训练中的有效性。

3. 判别器

Context Encoder GAN 使用 2 个判别器，第一个判别器是对抗性判别器，是 Alexnet 模型的第一个 5 层，包括 5 个卷积层和随后的池化层（称为 pool5），计算抽象 $6 \times 6 \times 256$ 维特征表示。网络是使用随机初始化权重从零开始训练的上下文预测。第二个判别器是 Patch GAN 分类器。Patch GAN 对整个图像进行分类，并判断图像的 N×N 补丁是否真实。它通过将卷积层相互叠加来完成，从而产生 U×V 矩阵，使得输出的每个值都有 N×N 的接受域。Pix2Pix GAN 确定 70×70 的贴片能产生最好的结果，因为它分类补丁，而不是直接补丁整个图像，它既更快，又使用更少的内存。图 5-4 为对抗性判别器。

判别器是使用生成图像的历史记录来训练的，而不是只使用最新的生成图像。这种技术提高了训练的稳定性。设 D_{Buffer} 为大小为 m 的缓冲区，n 为批次大小。在每次训练迭代之后，将生成的 n 个图像添加到缓冲区中。如果缓冲区已满，则随机地将设 D_{Buffer} 中的 n 个图像替换为新生成的图像。判别器不是直

---

① 图 5-3 引自：WORAWIT B. 面向图像识别的混合生成对抗网络研究 ［D］. 贵阳：贵州大学，2023：21.

接对产生器进行采样的，而是从 D_{Buffer} 中采样得到训练样本。

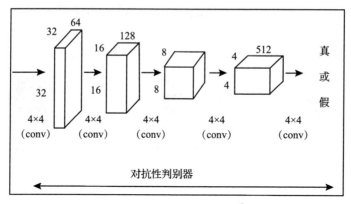

图 5-4　对抗性判别器 [①]

4. 生成器

图像修复问题的一个定义性特征是将高分辨率输入网格映射到高分辨率输出网格。此外，对于所考虑的问题，虽然输入和输出在外观上是不同的，但是两者都是相同底层结构的呈现。因此，输入中的结构要大致与输出中的结构对齐。许多先前的解决方案在这方面的问题中都使用了编解码器网络。在编解码器网络中，通过输入一系列层，逐步向下采样，直到出现瓶颈层，此时过程被逆转。这种网络要求所有的信息流经过所有的层，包括瓶颈层。对于许多图像翻译问题，在输入和输出之间有大量的低级信息共享，最好直接在网络上传递这些信息。例如，在图像着色的情况下，输入和输出共享突出边缘的位置。为了让生成器能够绕过此类信息的瓶颈层，添加跳过连接，遵循 U 形网络（U-Net）的一般形状。具体地，在每个层 i 和层设 n_i 之间添加跳过连接，其中 n 是总层数。每个跳跃连接简单地将第 i 层的所有通道与第 n 层的所有通道连接起来。

5. U-Net

U-Net 是为医学成像设计的，可以描述为具有跳跃连接的卷积自编码器。编码器使用卷积层将图像缩小到 $1 \times 1 \times 512$ 的潜在空间，从 64 个过滤器开始，每层过滤器的数量增加一倍，最高可达 512 个。解码器等效地将潜在空间升级

---

① 图 5-4 引自：WORAWIT B. 面向图像识别的混合生成对抗网络研究［D］.贵阳：贵州大学，2023：23.

为原始尺寸。解码器中的每个转置卷积层都与编码器的层具有所谓的跳过连接，表示第 i 个编码器层的输出与第 n 个解码器层的输出串联。

图像 U–Net 生成器中的红色层是具有以下块的块：首先是卷积层，然后是实例归一化层，最后是斜率为 0.2 的 Leaky ReLU（泄漏修正线性单元）激活。蓝色层是具有转置卷积层的块，然后是实例归一化层，最后是 ReLU（修正线性单元）激活。ReLU 的输出与虚线连接的卷积块的输出串联。绿色层是带有 3 个滤波器的卷积层，步长为 1，并带有 Tanh（双曲正切函数）激活。层块的输出尺寸显示在它旁边。卷积层的滤波器数量从 64 个开始，每层增加一倍，最多可达 512 个。

6. 编码器 – 解码器管道

编码器 – 解码器管道总体架构是一个简单的编解码器流水线。编码器获取丢失区域的输入图像，并产生该图像的潜在特征表示。解码器采用这种特征表示，并产生缺失的图像内容。通过通道全连接层连接编码器和解码器非常重要，它允许解码器中的每个单元对整个图像内容进行推理。

7. 编码器

编码器源自 AlexNet 体系结构。给定大小为 227×227 的输入图像，使用前 5 个卷积层和随后的池化层来计算抽象的 $6 \times 6 \times 256$ 维特征表示。与 AlexNet 不同，模型不是为 ImageNet（用于视觉对象识别软件研究的大型可视化数据率）分类训练的；相反，网络是使用随机初始化权重从零开始训练的上下文预测。但如果编码器架构仅限于卷积层，则无法将信息从特征映射的一个角直接传播到另一个角。这是因为卷积层将所有的特征图连接在一起，但绝不直接连接特定特征图内的所有位置。在目前的体系结构中，这种信息传播由全连接或内部产品层处理，其中的所有激活都彼此直接连接。在上述架构中，编码端和解码端的潜在特征尺寸都是 $6 \times 6 \times 256 = 9216$。这是因为它不像自编码，不重建原始输入，因此不需要有一个较小的瓶颈。但是，完全连接编码器和解码器将导致参数数量激增，以至于很难对当前的 GPU 进行有效的培训。

8. 通道全连接层

通道全连接层本质上是一个具有组的全连接层，用于在每个特征映射的激活中传播信息。如果输入层有 m 个尺寸为 n×n 的特征图，则输出 m 个尺寸为 n×n 的特征图。但与全连接层不同，它没有连接不同特征映射的参数，只在特征映射内部传播信息。因此，该通道级全连接层中的参数数目为 mn^4，而全连接层中的参数数目为 m^2n^4（忽略偏置项）。这之后是跨通道传播信息的跨度 1 卷积。

9. 解码器

解码器使用编码器特性生成图像的像素。编码端特性使用通道全连接层连接解码端特性。通道全连接层之后是具有学习滤波器的 5 个上卷积层，每个上卷积层都具有修正线性单元激活函数。向上卷积就是一个简单的卷积，其结果是更高分辨率的图像。它可以被理解为先上采样后卷积，或者先卷积后分数步长。解码器会对线性加权后的编码器产生的特征进行上采样，直到图像尺寸大致达到原始目标图像的大小。在训练过程中，上下文编码器通过回归算法来预测并填补图像中缺失（或被遮挡）区域的真实内容，这一过程由损失函数进行监督和优化。

但有多种同样可信的方式可以填补一个缺失的图像区域，这与上下文是一致的。通过一个解耦的联合损失函数来建模这种行为，以处理上下文中的连续性和输出中的多个模式。重建（L_2）损失负责捕捉缺失区域的整体结构及其上下文的一致性，但倾向于将预测中的多种模式平均在一起。对抗性损失使预测看起来真实，并具有从分布中选取特定模式的效果。每一个基本事实设 $\hat{M}$ 为二进制掩码，其值对应于下降的图像区域，其中，像素下降处为 1，输入像素为 0。在训练期间，这些补丁会为每个图像和训练迭代自动生成，用来描述损失函数的不同成分。使用归一化的掩码 L_2 距离作为重构损失函数：

$$L_{rec}(x)=\| \hat{M} \odot (x-F((1-\hat{M}) \odot x))\|_2^2 \tag{5-5}$$

根据元素的产品操作，对 L_1 和 L_2 损失都进行了实验，发现它们之间没有显著差异。虽然这种简单的损失鼓励解码器生成预测对象的粗略轮廓，但它通常无法捕获任何高频细节。这源于 L_2（L_1）损失通常倾向于模糊解决方案的事实。在高度精确的基础之上，研究者们相信，发生这种情况是因为 L_2 损失预测分布的平均值更加安全，因为它最小化了平均像素级误差，但是导致了模糊的平均图像。这个问题可以通过增加对抗性损失来解决，而 $\odot$ 对抗性损失基于生成性对抗性网络。为了学习数据分布的生成模型 G，GAN 建议联合学习对抗判别模型 D，为生成模型提供损失梯度。G 和 D 都是参数函数（深度网络），其中 $G: Z \rightarrow X$ 将样本从噪声分布 Z 映射到数据分布 X。学习过程是一个双人游戏，对抗性判别器 D 同时预测 G 和地面真实样本，并试图区分它们，而 G 试图通过产生尽可能真实的样本来混淆 D。判别器的目标是逻辑似然，判断指示输入是真实样本还是预测样本：

$$\min_{G}\max_{D}E_{x\in x}\left[\log(D(x))\right]+E_{z\in Z}\left[\log(1-D(G(z)))\right] \tag{5-6}$$

这种方法最近在生成建模的图像中显示了积极的结果。因此，可以通过上下文编码器的建模生成器，即 GF，将这个框架应用于上下文预测。要为这个任务定制 GAN，可以基于给定的上下文信息：掩码 $\hat{M}x$，然而，条件 GAN 不易为上下文预测任务进行训练，因为对抗性判别器 D 容易利用生成区域的感知不连续性和原始上下文对预测的样本与实际的样本进行分类。因此，需使用一种替代的公式将生成器（而不是判别器）置于上下文中。此外，当发生器不以噪声矢量为条件时，结果会有所改善。因此，上下文编码器 Ladv 的对抗性损失是

$$L_{adv}=\max_{D}E_{x\in x}\left[\log(D(x))+\log(1-D(F((1-\hat{M})\odot x)))\right] \tag{5-7}$$

在实际中，F 和 D 均采用交替 SGD（随机梯度下降算法）联合优化。请注意，这一目标鼓励整个输出上下文编码器，然而现实情况并非仅涉及缺失区域这一问题，如式（5-5）所示。定义总损失函数为

$$L=\lambda_{rec}L_{rec}+\lambda_{adv}L_{adv} \tag{5-8}$$

目前，对抗性损失仅用于修补实验，因为 Alex-Net 架构训练与联合对抗性损失分离。

10. 区域掩码

背景编码器输入的是一个或多个区域丢失的图像，即假设以零为中心的输入设置为零。去除的区域可以是任何形状，在这里提出三种不同的策略：中心区域最简单的形状是图像中的中心正方形块。尽管这种中心区域在图像修补中相当有效，但网络会学习到锁定在中心补丁边界上的低层图像特征。这些低层次的图像特征往往不能很好地泛化为没有补丁的图像，因此所学的特征并不是很常见。随机块为了防止网络锁定在掩蔽区域的恒定边界上而随机化掩蔽过程。它不是在固定的位置选择一个大的遮罩，而是去除一些较小的可能重叠的遮罩，覆盖图像多达 14 个。但随机块掩蔽仍然有尖锐的边界卷积特征可以闪上。通过一个条件 GAN 来训练上下文编码器（GB），条件 GAN 可以表示为

$$L_{cGAN}(G,D)=E_{x,y}\left[\log D(x,y)\right]+E_{x,y}\left[\log(1-D(x,G(x,y)))\right] \tag{5-9}$$

其中，G 试图将这个目标最小化，而对手 D 试图将这个目标最大化，即

$$G^* = \underset{G}{\arg\min}\underset{D}{\max}L_{cGAN}(G, D) \qquad (5-10)$$

为了测试限定判别器的重要性，研究者们还比较了无条件的变体，其中判别器没有遵守 x：

$$L_{GAN}(G, D) = E_y\left[\log D(y)\right] + E_{x, z}\left[\log(1-D(G(x, z)))\right] \qquad (5-11)$$

以往的方法发现，将 GAN 目标与传统损耗（如 L_2 距离）混合使用是有益的。判别器的工作保持不变，但发生器的任务不仅是愚弄判别器，而且要在 L_2 意义上接近地面真值输出。探索这个选项，要使用 L_1 距离而不是 L_2 距离，因为 L_2 距离鼓励更少的模糊：

$$L_{L_1}(G) = E_{x, y, z}\left[\|y-G(x, z)\|_1\right] \qquad (5-12)$$

最终目标是：

$$G^* = \underset{G}{\arg\min}\underset{D}{\max}L_{cGAN}(G, D) + \lambda L_{L_1}(G) \qquad (5-13)$$

如果没有 z，则网络仍然可以学习 x 到 y 的映射，但是将产生确定性输出，因此无法匹配除 delta（脉冲函数）之外的任何分布。同时，研究者们发现这种策略并不完全有效，发电机只是学会了忽略噪声。相反，最终的模型只提供噪声的形式退出，适用于发电机在训练和测试时间的几个层。尽管有退网噪声，但它观察到的只是网子输出中的微小随机性。设计产生高度随机输出的条件 GAN，从而捕获它们建模条件分布的完全熵，是当前工作尚未解决的一个重要问题。

（三）像素到像素模型

Pix2Pix 是为成对图像到图像转换而设计的。设 (x, y) 是数据集中的配对样本。Pix2Pix 的生成器试图将 x 映射到 y，但它没有直接观察 y。它的判别器接收 x 和生成 y，并预测给定 x 的 y 是真实的还是虚假的。Pix2Pix 将 U-Net 作为生成器，将 Patch GAN 作为判别器。Pix2Pix 描述了一个定量评估 Pix2Pix 性能的度量标准，称为 FCN 评分。

GAN 不采用每像素损失，因此可以解释像素间的相关结构。通过在标准像素级 L_1 损失函数上添加对抗性损失，GAN 可被用于图像到图像的转换。这首先在 Pix2Pix 模型中执行，该模型用于成对的图像到图像的转换。Pix2Pix 将 F 替换为条件生成器 $F: X \times Z \rightarrow Y$，其中 Z 是随机噪声的域。随机噪声矢量使网络输出具有随机性，使网络能够获知输出图像的分布。发电机网络往往

学会忽略随机噪声，因此不学习随机输出。虽然通过多层的丢弃来代替随机噪声矢量可以部分地解决这个问题，但这并不是一个完美的解决方案，因此这个问题仍然是一个重要的开放研究课题。在实践中（如在本研究中），通常忽略额外的噪声输入。该模型通过监督方式将图像映射到成对翻译的结果，同时结合 L_1 损失和用于强制模型采用目标域样式的对抗性损失。

损失为

$$F^*=\mathop{\arg\min}_{F}\mathop{\max}_{D} L_{cGAN}(F, D)+\lambda L_{L_1}(F) \tag{5-14}$$

其中：

$$L_{L_1}(F)=E_{x, y}\|y-F(x)\|_1 \tag{5-15}$$

$$L_{cGAN}(F, D)=E_x\left[\log D(x)+\log(1-D(F(x)))\right] \tag{5-16}$$

α 是一个可调谐的超参数，它决定了两种损失的相对重要性。它通常被设定在 10~100。生成器 G 尝试通过随机向量 z 和图像 x 生成一张新的图像 y'，该图像在分类上被视为真实，且与原图像 x 在 L_1 距离上接近。判别器试图将真实样本 y 分类为真实样本 y，将生成的样本 y' 分类为伪样本 y'。图 5-5[①] 为 Pix2Pix 模型的原理说明。

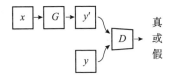

图 5-5 Pix2Pix 模型的原理说明

（四）模型结构和参数的选择

在将输入的戴口罩的人脸图片和部分损失的人脸图片转换为不戴口罩的人脸图片与完整的人脸图片时，可以使用 Context Encoder GAN 和 Pix2Pix GAN 模型进行图像修复。

在 Context Encoder GAN 模型中，生成器网络采用了编码器-解码器结构。编码器部分包含卷积层和池化层，解码器部分包含反卷积层和上采样层。为了提高特征传递效率和填充缺失部分，生成器网络使用了跳跃连接和填充层。在训练过程中，采用了 MSE 损失函数进行训练。判别器网络采用了 Patch GAN

① WORAWIT B. 面向图像识别的混合生成对抗网络研究［D］. 贵阳：贵州大学，2023：30.

的结构，将图像划分为小的 Patch 进行评估。在训练过程中，使用二元交叉熵损失函数进行训练。具体参数选择：图像大小为 256×256，将所有图像缩放到相同大小。学习率为 0.0002，批量大小为 8，训练轮数为 200。生成器网络的输出与目标输出之间的差距使用 MSE 损失函数进行评估，判别器网络的训练效果使用二元交叉熵损失函数进行评估。优化器采用 Adam 优化器，其中 beta1 为 0.5，beta2 为 0.999。在生成器网络中，隐藏层的大小为 64，其在判别器网络中也为 64。

在 Pix2Pix GAN 模型中，生成器网络采用了 U–Net 结构，其中编码器部分包含卷积层和池化层，解码器部分包含反卷积层和上采样层。同时，在编码器和解码器之间使用跳跃连接来传递特征信息，以提高图像翻译的准确性。在训练过程中，采用了 L_1 损失函数和对抗损失函数进行训练。判别器网络采用了 Patch GAN 的结构，将图像划分为小的 Patch 进行评估。在训练过程中，使用二元交叉熵损失函数进行训练。具体参数选择：图像大小为 256×256，将所有图像缩放到相同大小。学习率为 0.0002，批量大小为 8，训练轮数为 200。生成器网络的输出与目标输出之间的差距使用 L_1 损失函数进行评估，判别器网络的训练效果使用对抗损失函数进行评估。优化器采用 Adam 优化器，其中 beta1 为 0.5，beta2 为 0.999。在生成器网络中，隐藏层的大小为 64，其在判别器网络中也为 64。

二、基于 P2P encoder GAN 图像修复模型优化

P2P Encoder GAN 是一种利用生成对抗网络提高编码器模块性能的新型优化方法。P2P Encoder GAN 模型架构包括两个主要组件，即生成器和判别器。生成器模块根据输入数据生成高质量的图像，判别器模块评估生成图像的质量。P2P Encoder GAN 方法涉及同时训练两个生成器和两个判别器模块以优化编码器模块。P2P Encoder GAN 是一个图像修补 GAN 技术，任务是将源域 A 的图像（损坏、戴口罩或不完整的图像）翻译到目标域 C（不戴口罩或完整的人脸图片）。它由两个 GAN 组成：一个是 Context Encoder GAN，用于从域 A（损坏、戴口罩或不完整的图像）到域 B（几乎完整的图像）的转换；另一个是 Pix2Pix GAN，用于从域 B（几乎完整的图像）到域 C（不戴口罩或完整的人脸图片）的转换。此外，P2P Encoder GAN 还利用了带有跳跃连接的编码

器 – 解码器结构和 Patch-GAN 及 Alex-Net 框架的改进判别器，来进一步提高修补结果的质量。

P2P Encoder GAN 先将损坏的图像和蒙版输入到 Context Encoder GAN 中，生成几乎完整的图像。然后将这个几乎完整的图像和目标图像输入到 Pix2Pix GAN 中，以生成完整的图像。在编码器和解码器网络中使用所提出的架构减少了参数的数量，同时提高了性能，还可视化了不同的量化指标和损失值来判断模型训练的稳定性，在确保生成的图像足够好后，才可以用于下一个生成器的输入。

主生成器使用了 U-Net 结构，包含下采样和上采样过程，可以更好地捕获图像的全局和局部特征。辅助生成器使用了类似于 Pix2Pix GAN 的编码器 – 解码器结构，以便更好地捕获图像的细节特征。这样每个尺度的生成器都会利用先前修复的图像分辨率来填充损坏的图像。它们也使用了 AlexNet 与 PatchGAN 判别器来学习如何区分真实图像和生成图像。其他方法以多尺度方式嵌入融合块的 U-Net 架构，放弃了对抗性学习并使用感知和风格损失来加强纹理细节。仅使用前一种损失而不进行对抗性学习会导致棋盘伪影，因为很难找到最佳损失权重。在这种方法中，可以使用对抗性的重建损失函数来增强图像纹理。

（一）模型架构

生成器是关键组件，用于将戴口罩或部分损失的人脸图片转换为不戴口罩或完整的人脸图片。它将 Context Encoder GAN 的生成器作为主要生成器，并加入了 Pix2Pix GAN 的生成器，形成了双生成器模型。这样做的原因是，Context Encoder GAN 的生成器可以更好地捕获图像的全局和局部特征，而 Pix2Pix GAN 的生成器可以更好地捕获图像的细节特征。

主生成器采用 Context Encoder GAN 模型，并由编码器和解码器组成。主编码器包含一系列卷积层和池化层，用于将输入图像编码转换为潜在空间向量。具体而言，编码器通过卷积层提取输入图像的特征，并通过池化层减小特征图的尺寸，最终将特征图转换为潜在向量。主解码器由一系列反卷积层和上采样层组成，用于将潜在向量解码为完整的图像。解码器通过反卷积层将潜在向量转换为特征图，并通过上采样层将特征图放大为输出图像。此外，解码器还利用跳跃连接将在编码器中提取的特征与解码器中的特征连接起来，以提高生成图像的质量并减少模型训练时间。

主判别器采用 Alex-Net 的前 5 层，该网络是一种深度卷积神经网络，用于图像分类任务。本节将 Alex-Net 的前 5 层作为主判别器，用于判断生成图像的真实性。

辅助判别器采用 Patch GAN 结构，这是一种判别器结构，它不直接判断整个图像的真实性，而是将图像分成多个小块进行判断。这种结构可以提高判别器的分辨率，从而更好地捕捉生成图像中的细节信息。

将 Pix2Pix GAN 的生成器作为辅助生成器，以增加生成图像的多样性和真实度。具体而言，Pix2Pix GAN 的生成器采用编码器 – 解码器结构，用于将输入图像转换为目标图像。

（二）模型设置、参数选择和工具

1. 模型设置

（1）Context Encoder GAN 主生成器的具体设置如下：

第一，隐藏层数为 4 层。太少的隐藏层可能无法很好地捕捉到图片的复杂特征，而太多的隐藏层可能导致模型过拟合。

第二，生成器对抗损失权重设置为 1。该权重控制着生成器在对抗训练中的贡献程度。

第三，重建损失权重设置为 50。该权重控制着生成器在重建真实图片时的贡献程度。

第四，L_1 损失权重设置为 10。该权重控制着生成器在保留输入图片特征的同时对输出图片进行平滑化的贡献程度。

（2）Pix2Pix GAN 辅助生成器的具体设置如下：

第一，生成器和判别器的层数设置为 10 层。这个层数足够让模型捕捉到图片的复杂特征，但不会过于复杂，导致模型训练缓慢或出现拟合问题。

第二，生成器对抗损失权重设置为 1。该权重控制着生成器在对抗训练中的贡献程度。

第三，重建损失权重设置为 100。该权重控制着生成器在重建真实图片时的贡献程度。权重需要根据实际情况进行调整，通常可以尝试不同的值来找到最优的权重。

第四，L_1 损失权重设置为 10。该权重控制着生成器在保留输入图片特征的同时对输出图片进行平滑化的贡献程度。

（3）判别器的具体设置如下：

第一，使用 Alex-Net 的前 5 层作为主判别器，采用 Patch GAN 作为辅助判别器。

第二，判别器对抗损失权重设置为 1，梯度惩罚损失权重设置为 10。

由于训练数据集较小，只有 350 张图片，因此采用数据增强技术，如旋转、翻转、平移和缩放等来扩充数据集。

2. 参数选择

使用 Adam 优化器来优化生成器和判别器模型的参数。设置初始学习率为 0.0002，beta1 为 0.5，beta2 为 0.999。此外，使用学习率衰减策略，如每隔一定的 epoch（时期）将学习率降低一定的倍数，以提高训练效果。对于损失函数部分，本节采用像素差异损失函数（L_1 损失）和判别器损失函数（二元交叉熵损失）来训练主生成器，采用像素差异损失函数（L_2 损失）和判别器损失函数（二元交叉熵损失）来训练辅助生成器。像素差异损失函数可以度量生成图像和真实图像之间的像素级别的差异，可以使生成图像更加清晰。判别器损失函数可以促使生成器生成更加真实的图像。使用批量大小为 2 可以减少模型过拟合的风险。设置迭代次数为 2000 次。使用 1 和 2 正则化来防止过拟合。此外，还使用批量归一化来加速训练和提高鲁棒性。使用 TensorBoard 工具来可视化训练过程中的损失函数和图像生成结果，以便更好地监控模型的训练过程和效果。

3. 工具

图像识别、图像修复等不同深度学习模型在 Python 3 编程语言中开发，使用 TensorFlow（符号数学系统）、Keras（开源人工神经网络库）、PyTorch（开源深度学习框架）等主要库。

（1）TensorFlow 是一个开源的机器学习系统，可以大规模、异构地运行。它跨集群中的许多机器映射数据流图的节点，并在一台机器中跨多个计算设备映射数据流图的节点，包括多核 CPU（中央处理单元）、通用 GPU（图形处理单元）和 TPU（张量处理单元），让开发者可以测试新的优化和训练算法。它还支持各种应用，重点是深度神经网络的训练和推理。

（2）Keras 是一个高级的神经网络 API（应用程序编程接口），使用 Python

（计算机编程语言）开发，可以运行在 TensorFlow、CNTK（深度学习工具包）或 Theano（数值计算库）等软件库上。它可以在 CPU 和 GPU 上顺利运行。

（3）PyTorch 是一个基于 Torch 库的开源机器学习库，用于计算机视觉和自然语言处理等应用。它主要由 Facebook（脸书）的 AI（人工智能）研究实验室开发，是免费的，是以 Modified BSD License 方式发布的开源软件。Python 接口不仅更加完善，而且是开发的主要重点。

（三）实验数据准备与评价指标

1. 实验数据准备

在 P2P Encoder GAN 图像修复模型优化的过程中，实验数据的准备是至关重要的环节。这一环节不仅直接关系到模型的训练效果，还影响着图像修复的最终质量。

（1）数据集的选择与特点。选择 ORL 人脸数据集作为实验数据集。ORL 人脸数据集是一个经典的人脸识别数据集，包含了多个人脸图像，每张图像都具有清晰的面部特征和不同的表情、姿态。选择这一数据集主要是因为其人脸图像具有丰富的变化性和代表性，能够充分检验 P2P Encoder GAN 模型在人脸图像修复任务中的性能。

在选择数据集时，需考虑数据的多样性和平衡性。多样性是指数据集包含多种不同的图像类型和场景，以模拟真实世界中的复杂情况。平衡性是指数据集中各类别图像的数量分布相对均匀，以避免模型在训练过程中产生偏差。ORL 人脸数据集在这两个方面都表现出色，因此成为本节实验的首选数据集。

（2）遮罩的生成与模拟缺失区域。在图像修复任务中，遮罩是用于指示图像中哪些区域是缺失或需要修复的关键工具。采用多种技术来生成遮罩，以模拟不同类型的缺失区域。

第一，使用固定矩形遮罩。这种遮罩形状简单、规则，可以方便地模拟图像中矩形区域的缺失。调整矩形的位置和大小可以生成多种不同的遮罩样式，以检验模型在不同缺失区域下的修复能力。

第二，使用口罩作为遮罩。口罩遮罩能够模拟人脸图像中特定区域的缺失，如眼睛、鼻子或嘴巴等。这种遮罩的生成需要考虑人脸的解剖结构和特征点，以确保遮罩能够准确地覆盖目标区域。口罩遮罩的模拟可以进一步检验模型在人脸图像修复任务中的精细度和准确性。

除了固定矩形和口罩遮罩外，其他形状的遮罩（如圆形、椭圆形等）的生成同样需要考虑图像的尺寸和特征，以确保遮罩的覆盖范围和形状与实际情况相符。

（3）数据预处理与划分。在数据预处理阶段，本实验对图像和遮罩进行了多种操作，以提高模型的训练效果和图像修复质量。

第一，对图像进行缩放和剪裁操作。由于 ORL 人脸数据集中的图像尺寸不一，为了统一输入尺寸并减少计算量，对图像进行了缩放处理。同时，为了去除图像中的冗余信息和噪声，本实验还进行了剪裁操作。这些预处理操作有助于提高模型的训练效率和泛化能力。

第二，对图像进行旋转和翻转操作。这些操作能够增加数据的多样性，使模型在训练过程中学习到更多的特征和信息。旋转和翻转图像可以生成多种不同的训练样本，从而增强模型的鲁棒性和适应性。

在数据划分方面，将数据集划分为训练集、验证集和测试集。其中，训练集用于模型的训练和学习；验证集用于在训练过程中调整模型参数和监控模型性能；测试集用于评估模型的最终性能和泛化能力。将数据集的 80% 用于训练，10% 用于验证，10% 用于测试，以确保模型在训练过程中得到充分的学习，并在测试阶段表现出良好的性能。

2. 评估方法与指标

在 P2P Encoder GAN 图像修复模型优化的过程中，评估方法的选择同样至关重要。一个合适的评估方法能够准确地反映模型的性能，并为模型的改进和优化提供有力的支持。

（1）FCN（全卷积神经网络）得分的运用与优势。FCN 得分是评估模型性能的重要指标之一。FCN 是一种常用的深度学习模型，在图像分割和像素级别分类任务中表现出色。FCN 模型通过对生成的图像进行像素级别分类，可以得到一个与输入图像大小相同的标签图像，其中每个像素都对应一个类别标签。

在 P2P Encoder GAN 图像修复任务中，使用 FCN 得分来衡量模型生成的图像与原始图像之间的像素级别差异。具体来说，将生成的图像输入预先训练的 FCN 模型，得到生成的标签映射。然后，将生成的标签映射与原始标签映射进行比较，计算每像素精度和每类精度。这些精度指标能够直观地反映模型在图像修复任务中的性能表现。

FCN 得分的优势在于其能够捕捉到图像中的细节和特征,从而准确地评估模型在像素级别上的修复能力。此外,FCN 得分还具有计算简单、易于实现等优点,为模型的评估和优化提供了有力的支持。

(2)损失函数与峰值信噪比(PSNR)的综合评估。除了 FCN 得分外,还采用了 1 损失、2 损失和 PSNR 等指标来综合评估 P2P Encoder GAN 图像修复模型的性能。

1 损失是一种常见的用于图像重建和降噪任务的评价指标。它计算了重建图像与原始图像之间绝对差异的平均值,能够直观地反映模型在图像修复任务中的重建精度。1 损失越小,表示重建图像与原始图像之间的差异越小,模型的修复能力越强。

与 1 损失相比,2 损失计算了重建图像与原始图像之间平方差异的平均值。虽然 2 损失在数值上通常会比 1 损失更小,但它对差异值的平方值更加敏感,因此能够更准确地反映模型在图像修复任务中的细微差异。比较 1 损失和 2 损失可以全面评估模型在图像重建与修复方面的性能表现。

除了损失函数外,还采用了峰值信噪比作为评估图像质量的指标。PSNR 计算了原始图像和重建图像之间的信噪比,即原始图像的最大可能值和重建图像与原始图像之间的平均差异之比。PSNR 值越高,则重建图像与原始图像之间的质量差异越小,模型的修复效果越好。计算 PSNR 值可以客观地评估模型在图像修复任务中的图像质量提升能力。

在 P2P Encoder GAN 图像修复模型优化的过程中,综合运用了 FCN 得分、1 损失、2 损失和 PSNR 等指标来全面评估模型的性能。这些评估方法的选择和运用,不仅提高了评估的准确性和可靠性,还为模型的改进和优化提供了有力的支持。

(四)图像修复效果分析

在图像修复任务中,P2P Encoder GAN 图像修复模型展现出了显著的优势,这一点通过其与 Context Encoder GAN 等模型在 ORL 人脸数据集上的修复效果对比得到了充分验证。

第一,从图像修复质量的角度来看,P2P Encoder GAN 图像修复模型在 ORL 人脸数据集上的表现令人瞩目。该模型能够准确地修复图像中的缺失区域，同时保持图像的整体结构和细节。在与 Context Encoder GAN 图像修复模型的对比实验中，可以明显观察到 P2P Encoder GAN 图像修复模型在修复效果上的优势。具体来说，P2P Encoder GAN 图像修复模型修复的图像在人脸特征、皮肤纹理以及光照条件等方面都更加接近原始图像，呈现出更高的真实感和清晰度。这种优势在修复具有复杂背景和多样人脸姿态的图像时尤为明显，进一步证明了 P2P Encoder GAN 图像修复模型在图像修复任务中的强大能力。

第二，P2P Encoder GAN 图像修复模型在图像修复过程中的稳定性和可靠性。由于图像修复任务通常涉及大量数据和高维度特征，模型的稳定性和可靠性对于保证修复效果至关重要。在实验中，P2P Encoder GAN 图像修复模型表现出了良好的鲁棒性，能够在不同条件下保持稳定的修复效果。即使面对具有挑战性的图像修复任务，如遮挡严重、噪声干扰等，该模型也能够生成高质量的修复结果。这种稳定性和可靠性使得 P2P Encoder GAN 图像修复模型在实际应用中具有更广泛的适用性。

第三，P2P Encoder GAN 图像修复模型在图像修复模型优化方面的贡献。该模型结合了 Pix2Pix GAN 图像修复模型的图像转换能力和 Context Encoder GAN 图像修复模型的上下文编码能力，实现了在图像修复任务上的性能提升。这种结合不仅提高了模型的修复效果，还使模型在训练过程中能够学习到更加丰富的特征表示。同时，P2P Encoder GAN 图像修复模型采用了 Adam 优化器和随机梯度下降求解器进行训练，进一步提高了模型的训练效率和收敛速度。这些优化措施共同推动了 P2P Encoder GAN 图像修复模型在图像修复任务上的性能提升。

第四，P2P Encoder GAN 图像修复模型在图像修复任务中的泛化性。由于该模型在训练过程中结合了上下文信息，并在语义修补中推进了艺术，因此它能够在不同环境和场景下保持良好的修复效果。这种泛化性使得 P2P Encoder GAN 图像修复模型在应对各种复杂图像修复任务时具有更高的灵活性和适应性。同时，该模型学习的损失函数也适用于不同情况的图像修复任务，进一步增强了其在实际应用中的可用性。

综上所述，P2P Encoder GAN 图像修复模型在图像修复任务中展现出了显著的优势和潜力。该模型通过结合 Pix2Pix GAN 图像修复模型和 Context

Encoder GAN 图像修复模型的优点，实现了在图像修复效果、稳定性和可靠性，以及模型优化方面的全面提升。同时，其泛化性和适用性也使其在实际应用中具有更广泛的适用性与参考价值。因此，P2P Encoder GAN 图像修复模型为图像修复领域提供了新的解决方案和技术路径，对于推动该领域的发展具有重要意义。未来，随着技术的不断进步和应用场景的不断拓展，P2P Encoder GAN 有望在图像修复领域发挥更加重要的作用。

第六章
深度学习在特定领域的图像识别

第一节　基于深度学习的医学影像检测与识别

一、基于深度学习的目标检测算法

当前，基于深度学习的目标检测算法主要分为两类：单步方法和双步方法。这两种方法各具优势，能够满足不同场景的需求。单步方法将目标检测任务整合为一个步骤，直接输出对象的类别和位置，具有速度快、内存占用少的特点，尤其适用于对实时性要求较高的应用场景；双步方法则通过两个阶段完成目标检测任务，先生成潜在的目标区域，然后对这些区域进行进一步的分类和位置预测。虽然双步方法的检测速度相对较慢，但其在复杂场景下往往能够获得更高的精度。

利用深度学习进行医疗影像的识别与检测，不仅能够在很大程度上缓解医疗资源的紧张，还可以避免人为因素导致的误诊、漏诊现象[①]。深度学习的优势体现在其强大的特征提取能力上。与传统算法依赖于手工设计的特征不同，深度学习模型通过大量的标注数据和复杂的网络结构，能够自动学习到更加丰富的特征表示，这种特征提取的自适应能力，使得目标检测器在面对复杂背景和多尺度对象时，依然能够保持较高的检测准确率。特别是卷积神经网络的引入，显著增强了检测算法的鲁棒性和泛化能力。

[①] 薄靖宇.基于深度学习的肺炎医学影像自动识别与检测技术研究［D］.北京：北京交通大学，2021：5.

在实际应用中，目标检测的性能衡量标准主要包括速度、精度和模型的复杂度。随着深度学习研究的不断推进，现代目标检测器不仅在精度上取得了显著进展，还在速度上实现了突破。早期的目标检测模型在处理单幅图像时需要数秒时间，而现今的深度学习模型能够在毫秒级别内完成检测任务，达到了实时性的要求。同时，通过对模型架构的不断优化，如轻量级网络的设计，使目标检测算法在资源受限的设备上依然能够稳定运行，进一步拓宽了其应用范围。

尽管基于深度学习的目标检测算法已达到较高的成熟度，但仍然有进一步改进的空间。当前的研究热点集中在如何处理更加复杂的场景和数据集，特别是 3D（三维立体）目标检测、视频中的目标检测以及大规模数据集上的泛化问题上。此外，在实际应用中，模型的可解释性、对少样本学习的适应能力以及模型的计算效率依然是亟待解决的问题。

（一）R-CNN

R-CNN 通过采用区域候选方法和卷积神经网络相结合的策略，实现了准确率的大幅提升。其架构为后续的目标检测模型奠定了基础，尤其是在双步检测方法的应用上。R-CNN 的核心思想是在输入图像中生成多个候选区域（ROI），并将这些候选区域作为后续目标分类和定位的基础。R-CNN 采用选择性搜索算法生成大约 2000 个候选区域。选择性搜索算法是一种非深度学习的、无监督的算法，旨在通过分割图像的不同区域来生成潜在的目标区域，这一过程始于将每个像素点作为一个初始的独立区域，随后基于像素间的特征相似性，逐步合并相邻的像素区域，形成候选区域的层次结构。通过这一方式，选择性搜索确保了在候选区域的生成过程中，不同大小的目标能够被有效覆盖。

在生成候选区域之后，R-CNN 将每个候选区域的图像裁剪并调整为固定大小，然后将其送入到预训练的卷积神经网络中提取特征。卷积神经网络的引入为目标检测带来了巨大的性能提升，因为它能够从图像中自动学习到高层次的视觉特征，这些特征比传统的手工设计特征更具表达能力。R-CNN 中的卷积层负责提取每个候选区域的深度特征，这些特征将作为后续分类与边界回归的输入。

在特征提取之后，R-CNN 使用全连接网络对提取的特征进行分类。该步骤的目标是判断候选区域是否包含某一目标对象，并对该对象进行分类。此外，R-CNN 还引入了边界框回归任务，即对选择性搜索生成的候选框进行微调，以获得更为精确的目标定位，这一回归任务通过学习修正边界框的偏移量，使目标框能够更好地拟合目标的实际位置和大小。分类和边界框回归任务的共同训练，确保了 R-CNN 不仅能够识别目标，还能够提供精确的目标位置。

（二）Mask R-CNN

为了实现更为精确的分割，Mask R-CNN（基于区域的掩码卷积神经网络）改进了原有的区域特征提取机制。其采用 RoI Align 替代了 RoI Pool。RoI Pool 在对不同大小和形状的边界框进行归一化处理时，会引入量化误差，导致 RoI 特征与原始输入不对齐的现象。为了解决这一问题，RoI Align 提出了一种基于双线性插值的方法，通过精确对齐输入特征与边界框，避免了边界框量化带来的偏差。双线性插值能够在 RoI 区域选择固定的采样点，计算这些点的输入特征值，并将结果融合，从而有效地保留了位置信息的精度，这一改进不仅提高了分割精度，还确保了模型对不同目标形状的灵活适应性。

Mask R-CNN 在任务的并行处理上具有很大的优势。在训练阶段，目标分类、边界框预测和实例分割三个任务同时进行，模型通过多任务学习的方法提高了整体效率和精度。在测试阶段，Mask R-CNN 先完成目标分类和边界框回归，再进行实例掩码的预测，这一设计使模型能够在确保分类和定位准确的同时，减少计算负担，从而提高运行速度和资源利用率。

Mask R-CNN 作为一种"多合一"模型，不仅实现了目标检测、分类和分割的有机融合，还为深度学习领域的实例分割研究提供了全新的思路。随着深度学习技术的飞速发展，集成多任务模型逐渐成为研究的主流趋势。Mask R-CNN 正是这一趋势的代表，它通过同时处理多个任务，展示了其在多个领域的广泛适用性与强大性能。在许多应用场景中，Mask R-CNN 都取得了极高的精度，并且其结果达到了行业内的最高标准。这种出色的表现使 Mask R-CNN 成为实例分割领域的基础算法之一，为后续的相关研究提供了坚实的基础。

Mask R-CNN 在图像分割任务中，模型的高精度和多任务处理能力使其适应广泛的适用场景，在需要细粒度目标分割的任务中，Mask R-CNN 的表现尤为突出。通过集成多个模块，Mask R-CNN 提供了高效且准确的分割方案，成为深度学习实例分割的一个重要里程碑。

（三）Fast R-CNN

Fast R-CNN（快速区域卷积神经网络）通过优化网络结构和计算流程，大幅提升了速度和精度。作为一种双步方法，Fast R-CNN 延续了选择性搜索这一经典的区域候选生成方式，但在卷积神经网络的使用上引入了全新的策略，极大地减少了冗余计算并提升了处理效率。

Fast R-CNN 的一个重要创新在于特征提取的方式。在 R-CNN 中，每一个区域候选都要单独通过卷积神经网络提取特征，这种逐一处理的方式虽然能够确保精度，但计算成本极高，尤其是当输入图像包含大量候选区域时，卷积操作的重复性就会导致资源浪费。Fast R-CNN 通过在整幅图像上一次性进行卷积操作，生成统一的特征图，避免了对每个区域重复卷积的低效过程。在生成了全图特征图后，模型利用区域建议提案直接在特征图上提取与目标对应的区域特征。这种共享卷积计算的方式，使卷积网络的功能得以高效利用，仅在最后的步骤对不同的区域进行特征选取，极大地减少了计算时间和内存占用。

RoI Pool 是 Fast R-CNN 引入的一个关键算子，负责在特征图上提取特定区域的特征。RoI Pool 将每个区域的坐标从原始图像映射到特征图上，从而有效地完成区域特征的裁剪和归一化。由于卷积操作仅需在整幅图像上进行一次，RoI Pool 的引入确保了所有区域共享计算结果，避免了为每个候选区域单独运行卷积的资源消耗，该过程大大提高了特征提取的效率，减少了卷积计算的冗余，使 Fast R-CNN 在精度保持不变的情况下显著加快了推理速度。

Fast R-CNN 的另一个重要创新在于其训练流程的简化和优化。与 R-CNN 的多步骤训练不同，Fast R-CNN 通过引入单步训练流程，简化了模型的训练过程，并使用了一种新的损失函数来解决梯度消失或爆炸问题，这种新的损失函数结合了分类误差和边界框回归误差，确保了模型的稳定性和训练效率，使得 Fast R-CNN 不仅在推理速度上有显著提升，还在训练时间上得到了极大的优化。相比于 R-CNN 的 84 小时训练时间，Fast R-CNN 将这一时间缩短至 9 小时，显著降低了对计算资源的需求。同时，其推理时间也从 R-CNN 的 47 秒缩短至 0.32 秒，实现了对实时目标检测的支持。

Fast R-CNN 在结构上的优化不仅提升了模型的计算效率，还保留了对精度的高要求。通过在卷积层和区域建议之间引入特征共享机制，Fast R-CNN

能够在保持高精度目标检测的同时，大幅缩短检测时间。这种结构上的创新，使得 Fast R-CNN 成为现代目标检测系统中的重要基石，推动了卷积神经网络在大规模图像处理中的广泛应用。

（四）Faster R-CNN

Faster R-CNN 通过将目标检测的各个步骤整合为端到端的深度学习框架，大大提升了检测效率和精度。相比于早期的 R-CNN 和 Fast R-CNN，Faster R-CNN 在区域提案的生成过程中实现了革命性的改进，通过引入区域生成网络（RPN），有效地消除了传统方法中选择性搜索带来的瓶颈。

Faster R-CNN 的架构可以被分为两个主要模块：RPN（风险系数）和 Fast R-CNN 检测模块。RPN 作为一个深度卷积神经网络，负责在特征图上生成候选区域，并通过滑动窗口机制生成多个尺寸和长宽比的 anchor（锚），预测可能包含目标的区域。相较于选择性搜索这一传统的区域提案方法，RPN 不仅能够实时生成高质量的候选区域，还具有学习能力，能够适应不同的图像特征和目标形状，这一特性使得 Faster R-CNN 在处理复杂场景时，能够更为灵活和高效。

RPN 的引入解决了区域提案生成效率低下的问题。传统的选择性搜索方法需要通过手工设定的规则进行区域选择，导致了较高的计算成本和较低的精度。RPN 则通过端到端的学习方式，自动从图像特征中提取候选区域，使 Faster R-CNN 的整个检测流程得以统一。这种从特征提取到目标分类、边界框回归的全流程整合，极大地提升了模型的执行效率，使其能够在保证检测精度的同时实现更快的推理速度。

Faster R-CNN 的一项关键创新是引入了 anchor 机制。Anchor 是一组具有预定义形状和尺寸的矩形框，用于表示不同尺度和长宽比的目标对象。通过在图像中生成多个不同大小和比例的 anchor，Faster R-CNN 能够更好地适应各种形状和尺寸的目标对象。Anchor 的设计允许网络在不同的尺度下对图像进行更为细致的分割和处理，从而提高了模型对目标的检测精度，这种尺度不变形的设计使得 Faster R-CNN 在处理多样化图像时，能够保持高效和精确的检测能力。

Faster R-CNN 通过将卷积神经网络与区域生成网络相结合，进一步提升了检测精度。RPN 生成的候选区域在经过卷积网络的特征提取后，会被送入 Fast

R-CNN 模块进行分类和边界框回归，这种模块化的设计不仅使 Faster R-CNN 能够对目标进行精确的分类，还能够通过回归调整目标的边界框，从而提供更为准确的目标定位。这一过程在深度学习框架下是完全自动化的，极大简化了检测流程，并通过并行计算实现了更快的处理速度。

在实际应用中，Faster R-CNN 由于其高效的区域生成网络和强大的特征提取能力，展现出了卓越的性能。相较于 R-CNN 和 Fast R-CNN，Faster R-CNN 通过端到端的训练方式减少了冗余的计算步骤，使整个网络在推理阶段能够在较短的时间内处理大量的图像数据。此外，RPN 的引入不仅减少了传统区域提案方法的计算负担，还提高了区域选择的准确性，使 Faster R-CNN 成为当时目标检测领域的最优方案。

（五）Single-stage Methods

单阶段（one-stage）目标检测方法在目标检测领域的应用广泛，主要是因为其简洁的架构和高效的检测速度。相较于传统的两阶段（two-stage）检测方法，单阶段目标检测方法不依赖于候选区域的提取过程，能够直接生成目标的类别概率及位置坐标，这种简化的检测流程使得单阶段方法具备更高的计算效率，在实时检测任务中表现出色。

单阶段检测方法的核心思想在于将目标检测问题视作一个全局的回归问题，从整幅图像中直接预测目标的边界框及其所属类别。相较于两阶段方法中复杂的候选区域生成与精细的分类回归步骤，单阶段方法通过整合这些步骤，大大减少了计算开销。其预测过程是一次性的，即通过一次前向传播便可生成目标的类别及边界框信息，从而实现快速检测。这种一体化的设计使得单阶段检测器在速度上具有明显优势，特别是在处理大规模图像数据时，能够显著缩短处理时间。

单阶段方法中的一个关键改进是 anchor 的引入。Anchor 机制最早在两阶段方法中被提出，用于生成不同尺度和长宽比的候选框，而单阶段方法借鉴了这一机制，通过在多个尺度上生成 anchor，以提高对不同大小目标的检测能力。这种多尺度的 anchor 机制弥补了早期单阶段检测方法在小目标检测上的不足，使得单阶段方法在保持高效检测的同时，进一步提升了对目标的定位精度。尤其是在复杂的图像场景中，anchor 的多尺度性显著增强了模型对各种目标形状的适应能力。

针对单阶段检测方法的一个挑战——类别不平衡问题，近年来提出了多种优化策略。类别不平衡问题指的是在许多现实应用场景中，某些类别的目标出现频率较高，而其他类别的目标较为罕见。传统的损失函数在处理这种不平衡数据时，容易导致模型偏向于预测频率较高的类别，从而忽视了那些少见但重要的目标。为了解决这一问题，单阶段检测方法引入了专门用于处理类别不平衡问题的损失函数（Focal Loss）等改进损失函数，通过对易分类样本的损失贡献进行抑制，并增加对难分类样本的关注，从而平衡类别分布。这一创新有效地提高了单阶段检测器在处理不平衡数据时的表现能力，增强了其对少量样本类别的识别能力。

单阶段方法的架构设计在不断优化以适应多样化的检测需求。例如，通过引入特征金字塔网络（FPN），单阶段方法能够在保持速度优势的同时，提高对不同尺度目标的检测精度。FPN通过在不同分辨率的特征图上进行预测，确保了模型能够同时关注到大尺度和小尺度的目标，这种多尺度特征融合的设计不仅增强了模型的鲁棒性，还进一步提升了对复杂场景下多目标的检测能力。

二、基于深度学习的医学影像检测

深度学习的崛起为医学影像分析提供了强有力的技术支持。作为机器学习的一个分支，深度学习利用神经网络的结构和特性，能够有效地从海量数据中学习复杂的特征和模式，其在图像识别和分类等领域的成功，促使其逐渐被应用于医学影像分析中。深度学习算法通过自动提取图像特征，降低了传统特征工程的复杂性和人工成本，使得医学影像的处理更加高效、准确。

在医学影像分析中，深度学习能够帮助医生更快速、准确地检测异常情况，从而实现早期诊断和及时治疗。这种技术的优势在于其具有强大的泛化能力，能够在面对不同类型的医学影像数据时，依然保持较高的识别精度。利用深度学习对医学影像进行分析，能够帮助医生找到潜在病灶，从而提高临床决策的可靠性。此外，深度学习模型还具备不断学习和自我优化的能力，可以随着数据量的增加而逐渐提高诊断性能。

医学影像检测的核心在于从复杂的医学图像中提取出临床所需的关键信息，从而为医生提供有效的辅助决策支持。医学影像检测不仅包括图像的获取和预处理，还涵盖针对特定病灶的检测与定位。

在医学影像检测中，目标检测被视为一个重要的预处理步骤，其目的是准确识别图像中的感兴趣区域及潜在的病变，这一过程不仅提高了临床诊断的效率，还确保了对患者的精确评估。但目标检测的复杂性在于，图像中存在大量的非病灶区域，且病灶通常在图像中占据的比例极小。因此，如何有效地从海量的图像信息中提取出病灶信息，成为研究者们面临的一大挑战。为了克服这一挑战，计算机辅助检测（CAD）系统应运而生，该系统通过自动化，提高了病变的检测精度，并缩短了专业医生在影像解读的时间。该系统结合了先进的算法和图像处理技术，能够自动分析和识别图像中的细微变化，提供更为准确的诊断结果。通过深度学习等现代技术，CAD系统在图像分类与目标检测方面的能力得到了显著提升，能够更有效地支持临床医生的工作。

尽管医学影像检测的技术不断进步，但目标检测与对象分类之间仍然存在显著差异。目标检测不仅关注图像中的对象，还要对每个对象的空间位置进行精确的定位。每个像素都被视为分类的样本，而病灶所在的像素数量通常远少于非病灶像素。因此，在训练过程中，模型可能会出现对非病灶像素的过度拟合，从而降低其对病灶的识别能力，这种情况强调了在训练过程中平衡样本的重要性，以确保模型在真实世界场景中的可靠性和有效性。

医学影像分割的关键任务之一是计算机辅助诊断，为精确识别病变区域及目标器官、组织的诊断提供技术支持[1]。对医学图像中的器官和其他亚结构进行分割，可以对与体积和形状有关的临床参数进行定量分析，如对心脏或大脑的分析。此外，分割通常是计算机辅助检测中的重要第一步。分割任务通常被定义为识别构成轮廓或感兴趣对象内部的要素集合。图像分割在影像学诊断中大有用处。自动分割能帮助医生确认病变肿瘤的大小，定量评价治疗前后的效果。除此之外，脏器和病灶的识别与甄别也是影像科医生的日常工作，计算CT、MRI的数据都是三维数据，这意味着对器官和病灶的分割需要逐层进行。

---

① 谭健权，伊力亚尔·加尔木哈买提.基于深度学习的医学图像分割综述［J］.电脑知识与技术，2024，20（18）：97.

三、基于深度学习的医学影像识别

基于深度学习的医学影像识别的核心在于，通过构建深度神经网络模型，对医学图像进行有效的分类与识别，以辅助医疗决策并提升诊断效率。深度学习的实质是通过多层神经网络模拟人脑的分析能力，实现对复杂数据的拟合与预测。经过充分训练的模型，能够从病人的医学图像中提取关键特征，并输出相应的疾病状态、发生概率及病情严重程度。这种方法不仅提高了医学图像分析的效率，还为临床医生提供了有力的决策支持。

在深度学习技术中，卷积神经网络被广泛应用于医学影像的分类与识别，这类网络具备自动提取图像特征的能力，能够有效处理复杂的图像数据，尤其是在 MRI、CT 和 PET 等医学成像领域。通过卷积层的特征提取、池化层的降维以及全连接层的分类，CNN 在对医学图像的分类准确性和处理速度上均展现出卓越性能。

深度学习在医学影像识别中的应用，尽管展现出比传统方法更高的敏感性和准确性，但依然需要持续改进与优化。当前的深度学习模型在处理复杂病变特征时，可能无法捕捉到所有相关信息。因此，在模型设计中，需要更为灵活的结构，以能够自适应地学习多种疾病特征，提升整体识别性能。此外，引入注意力机制等先进技术，亦可提升模型对重要特征的关注度，从而进一步提高识别的精度与效率。

第二节　基于深度学习的公共安全监控系统

深度学习作为人工智能领域的前沿技术，近年来在各个领域得到了广泛应用，传统的监控系统主要依赖于人工干预，存在效率低下和误报率高等问题。深度学习技术的引入，使公共安全监控系统在智能化和自动化方面迈出了关键一步。通过深度学习模型，公共安全监控系统能够实时分析视频数据，自动检测异常行为。此外，深度学习还支持人脸识别、车辆追踪、行为分析等高级功能，使公共安全监控系统能够更全面地应对多样化的安全威胁，这不仅降低了人工监控的负担，还为公共安全领域提供了强有力的技术支撑，使现代社会的安全防护能力得到了质的飞跃。

一、公共安全监控系统的内容及需求

（一）公共安全监控系统的主要内容

公共安全监控系统集成了多种先进技术，能够实现对公共场所和关键区域的实时监控，确保潜在风险能够被及时发现与处理。其核心功能不仅包括实时视频监控，还涉及数据的智能分析与处理，形成了一套全面的安全保障体系。

第一，公共安全监控系统提供了全面的数据获取与管理功能。用户可以通过系统对不同类型的监控设备进行统一管理，包括视频摄像头、传感器等。该系统能够实时接收来自各个监控点的数据，并进行集中处理，用户可在任意地点通过网络访问监控画面，实现对所需区域的全面监控。这种集中式的数据管理模式提高了公共安全监控系统的效率与准确性，使用户能够快速响应突发事件。

第二，公共安全监控系统具备强大的智能分析能力，能够通过深度学习等技术对视频内容进行实时分析。当公共安全监控系统检测到异常行为或潜在威胁时，能够自动发出警报，及时通知用户，这一自动化处理流程大大减少了对人力资源的依赖，降低了管理成本，提高了监控的响应速度。此外，公共安全监控系统还能够将检测结果以图片或视频的形式存储，便于后续的查阅与分析，为安全事件的调查提供了重要依据。

第三，公共安全监控系统的用户友好性是其设计的重要方面。公共安全监控系统界面简洁直观，用户可以轻松操作，如模型加载、文件格式输入等，极大地方便了用户的日常使用。公共安全监控系统的交互性也使用户能够根据实际需求进行灵活配置，制订个性化的监控方案。此外，公共安全监控系统还具备实时反馈机制，能够在合理的响应时间内对用户的操作进行即时反馈，提高了用户的使用体验。

第四，公共安全监控系统的综合效益在于其多层次的安全保障能力。通过数据的实时监控与智能分析，该系统不仅能够满足基本的安全需求，还能够实现对公共安全事件的预防、响应和处理。这种综合性的安全管理模式，为社会治安的稳定与发展提供了强有力的技术支持。

随着技术的不断进步，公共安全监控系统将更加智能化和人性化，成为提升公共安全管理效率与效果的重要工具。

（二）公共安全监控系统技术的可行性

公共安全监控系统的技术可行性评估涉及多个维度，包括技术实现的成熟性、系统的稳定性以及与用户需求的匹配程度。公共安全监控系统的构建基于多种现代计算技术，如 Python 编程语言、Python 与 Qt 库结合的产物（PyQt5）界面开发库及 OpenCV 软件库，这些技术的结合使得该系统不仅具备强大的功能，还能够提供良好的用户交互体验。

Python 作为一种广泛应用的编程语言，以简洁性和高效性著称，能够有效支持复杂的图像处理和数据分析任务，其丰富的生态系统包含大量的第三方库，进一步增强了系统的扩展性和灵活性。

在此基础上，PyQt5 作为 Qt v5 的 Python 版本，提供了强大的用户界面设计功能，使公共安全监控系统能够以直观的方式与用户交互。通过 QTDesigner（QT 设计师），用户可以方便地设计和调整界面，提高了公共安全监控系统的易用性和可访问性。这种结合不仅提高了公共安全监控系统的开发效率，还为用户提供了友好的操作环境。

OpenCV 作为一个功能强大且跨平台的计算机视觉软件库，为公共安全监控系统提供了核心的图像处理能力，该库包含众多先进的计算机视觉算法，使该系统能够发挥目标检测、对象跟踪和行为分析等功能。OpenCV 的轻量级设计使得公共安全监控系统在资源受限的环境下仍能高效运行，满足了实时监控的需求，这一特性在处理大量视频流时尤为重要，确保公共安全监控系统能够快速响应潜在的安全威胁。

（三）公共安全监控系统的角色描述

公共安全监控系统的构成可以细分为后台处理模块与前端交互模块，这两个模块相辅相成，共同支撑着公共安全监控系统的整体功能与用户体验。前端交互模块是用户与公共安全监控系统的直接接口，主要面向企业与个人用户，确保其在合适的计算环境下进行有效操作。此模块的设计旨在提供友好而直观的操作界面，使用户能够轻松进行各项功能的选择与数据的上传。前端交互模块的设计考虑了用户的多样化需求，用户通过该模块可加载所需的深度神经网络模型权重，公共安全监控系统支持默认权重的选择与加载，以便用户在缺乏专业知识时也能顺利使用。同时，用户可以根据具体需求决定输入的数据类型，包括图片、视频以及实时摄像头的数据流。此种灵活性使得公共安全监控系统能够适应不同场景下的监控需求，进而提高监控的针对性与有效性。

后台处理模块是公共安全监控系统的核心，负责复杂的图像处理和数据分析，该模块基于深度神经网络模型，利用先进的算法对输入的数据进行实时分析与处理。用户选择的模型权重和检测模式将直接影响数据处理的结果与方式。公共安全监控系统提供的两种主要检测模式，包括目标检测与目标追踪，旨在满足不同监控需求下的性能要求。目标检测模式专注于识别图像或视频中的所有目标，而目标追踪模式在检测的基础上实现对目标的持续跟踪，进一步增强了公共安全监控系统在动态环境中的应用能力。

公共安全监控系统用户用例模型如图 6-1 所示，用户通过公共安全监控系统前端进行交互，使用公共安全监控系统提供的功能。用户可以选择需要加载的网络模型权重，若不选择则自动选择默认网络权重。用户可以根据自身需求决定需要公共安全监控系统处理的数据类型，选择图片的上传、视频的上传和实时摄像头的使用。

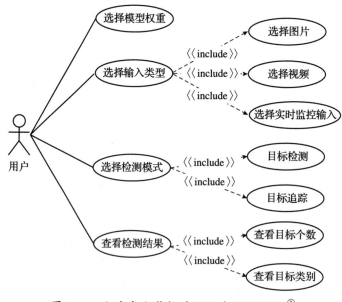

图 6-1　公共安全监控系统用户用例模型 [①]

深度神经网络用例模型如图 6-2 所示，深度神经网络通过用户选择的模型权重、检测模式和输入类型进行不同的预测处理，并将结果传回前端供用户查看。深度神经网络模型的设计与实施为公共安全监控系统的智能化提供了技术保障。通过加载不同的模型，公共安全监控系统能够根据用户的输入类型和检测需求进行个性化处理。该模型不仅支持图像与视频的处理，还能实时分析摄像头传输的数据流，确保用户能够在瞬息万变的环境中获取及时的信息反馈。深度神经网络的高效性与精准性使得检测结果的返回具备实时性，为用户提供了可靠的数据支持与决策依据。

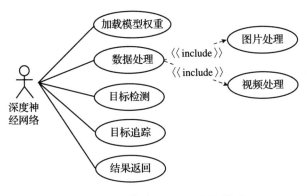

图 6-2　深度神经网络用例模型

在公共安全监控系统中，前端交互模块和后台处理模块的高效协作确保了信息的快速流转与反馈，构成了系统运行的基本框架。用户在前端模块中进行交互后，公共安全监控系统将其需求通过后台处理模块进行转化并执行，最终以检测结果的形式反馈给用户，这一过程不仅提高了工作效率，还在一定程度上降低了人工操作的需求，减轻了用户的负担。

（四）公共安全监控系统的业务流程

1. 数据采集

数据采集发挥着监控信息的获取与传递功能。通过各种传感器、摄像头及其他监控设备，公共安全监控系统能够实时收集环境中发生的动态信息。这些设备在不同的环境条件下运行，包括城市公共场所、交通枢纽、商场等，确保了监控覆盖的广泛性与有效性。

（1）数据采集的有效性。数据采集的有效性直接影响到公共安全监控系统的性能与准确性。在进行数据采集时，需考虑设备的选择与部署。不同类型的传感器和监控设备具有不同的优缺点，选择合适的设备可有效提升数据的质量。通过合理配置各种设备，公共安全监控系统可以实现数据采集的多样性与全面性，进而提高监控的准确性和可靠性。

（2）设备的运作能力和稳定性。监控设备需要具备高效的数据传输能力，以保证在不同环境和条件下，数据能够迅速、稳定地传输到中央处理系统。数据的实时性直接关系到监控的有效性，尤其在公共安全领域，迅速获取信息可以为及时应对突发事件提供保障。因此，在数据采集环节必须确保设备的正常运作，减少因设备故障造成的数据缺失或延迟。

2. 数据预处理

（1）格式化。不同的传感器和监控设备可能生成格式各异的数据，这些数据若无法统一标准，将难以实现有效整合与分析。因此，公共安全监控系统需要对数据进行格式化，以统一数据的结构和表示方式。通过将不同格式的数据转换为兼容格式，公共安全监控系统可以在后续处理过程中提高数据的处理效率和分析精度。

（2）标准化。标准化的目的在于消除因数据源差异而造成的偏差。在进行数据分析时，各种特征可能因尺度和单位的不同而产生不必要的影响，因此需要对数据进行标准化处理，这一过程通常涉及对数据进行归一化或标准化，以将其转换至同一尺度。标准化不仅有助于提高模型的训练效果，减少计算误差，还能增强不同数据特征间的可比性，为后续的分析提供可靠依据。

（3）噪声和干扰。噪声会降低数据的质量，影响后续分析的准确性。数据预处理中的去噪声处理旨在有效消除这些无用信息，提升数据的信噪比。常见的去噪声技术包括滤波、平滑和信号增强等，这些技术可以帮助识别与移除数据中的异常值和干扰信号，使后续的数据分析能够在更为干净的数据环境中进行，确保分析结果的可信性。

（4）数据筛选。数据筛选的目标在于从大量的原始数据中提取出最具代表性和最有价值的信息。通过应用一定的标准和算法，公共安全监控系统能够有效地筛选出与目标任务相关的数据，去除冗余和无关信息，这一过程不仅提高了数据的质量，还减轻了后续处理的计算负担，提升了数据分析的效率。特别是在面对海量数据时，精确的筛选算法能够显著提高数据处理的速度，使公共安全监控系统能够及时响应各种公共安全需求。

（5）特征提取。特征提取的方式多种多样，既可以是基于领域知识的手工特征提取，也可以是依赖于机器学习算法自动生成特征。这一过程的有效性直接影响到后续数据分析的结果，因此在特征提取时需谨慎选择合适的方法，以确保提取的特征能够准确反映数据的内在特性。

（6）数据质量控制。公共安全监控系统在数据采集阶段可能会遭遇各种数据问题，包括缺失值、异常值和噪声等。在数据预处理阶段，公共安全监控系统应对数据的质量进行全面监控和评估。实施数据质量控制措施可以及时发现和修正数据中的问题，确保最终进入分析阶段的数据质量达标。

（7）数据预处理的效率。在大规模数据环境下，传统的数据预处理方法可能会面临计算资源不足和时间延迟的问题。因此，采用高效的算法和技术来加速数据预处理过程尤为重要。近年来，随着大数据技术的发展，许多高效的并行处理技术和分布式计算方法被应用于数据预处理领域，极大地提高了处理速度和效率。

3. 智能分析

智能分析的核心在于对预处理数据的深入挖掘。通过对数据进行模式识别，公共安全监控系统能够提取出与特定目标相关的特征，这一特征提取过程通常采用卷积神经网络、递归神经网络等深度学习模型，这些模型通过模拟人脑神经元的连接方式，能够有效地识别复杂的图像和视频数据中的模式。通过不断的学习和优化，这些模型能够在处理大规模数据时保持高效且准确的分析能力。

在智能分析过程中，用户可以根据实际需求选择特定的模型权重和检测模式，这种灵活性使得系统能够适应不同的应用场景。例如，在目标检测模式下，公共安全监控系统能够快速识别静态图像中的多个目标，并对其进行分类和标记，这一过程不仅包括基本的目标识别，还涉及对目标的属性分析，如目标的尺寸、颜色和形状等特征。这种详细的特征分析为后续的决策提供了重要依据，使公共安全监控系统能够更准确地评估潜在的安全威胁。

智能分析的实现离不开强大的数据处理能力和高效的算法支持。随着计算技术的不断进步，越来越多的深度学习框架被应用于公共安全监控系统中，如 TensorFlow 和 PyTorch。这些框架不仅提供了丰富的模型库，还支持高效的并行计算，使得智能分析过程更加高效。这种高效性使公共安全监控系统能够实时处理大量数据，及时响应各种安全事件，从而提高公共安全管理的整体效率。

在智能分析的过程中，数据的多样性和复杂性是一个需要重视的问题。公共安全监控系统通常需要处理来自不同设备和环境的数据，这些数据可能具有不同的格式、质量和特征。因此，在进行智能分析时，如何有效整合和分析这些多样化的数据是一个重要的问题。为此，公共安全监控系统需要具备强大的数据融合能力，能够将来自不同传感器和监控设备的数据进行统一处理，这一过程不仅提高了数据的利用率，还增强了智能分析的准确性。

智能分析需要结合先进的数据可视化技术，以便用户理解和操作。通过将分析结果以直观的图表或报表形式展示，用户能够迅速获取关键的信息，做出相应的决策。这种可视化的呈现方式不仅提高了数据的透明度，还增强了用户对公共安全监控系统的信任感和依赖性。数据可视化技术的应用，使复杂的分析结果能够以简单易懂的方式展现，促进了信息的有效传递。

为了进一步提升智能分析的效果，将人工智能和物联网技术相结合是一个重要的发展方向。通过将各种监控设备和传感器连接到一个统一的平台，公共安全监控系统能够实现数据的实时采集和分析，这种智能化的监控方式，不仅提高了数据的实时性，还增强了分析的全面性。物联网技术的应用使公共安全监控系统能够在更广泛的范围内进行实时监控，及时捕捉潜在的安全风险。

智能分析的可持续发展离不开对算法和模型的持续优化。在实际应用中，随着数据量的增加，模型的训练和优化需要不断进行。通过引入自适应学习机制，公共安全监控系统能够根据实时数据反馈调整算法参数，从而不断提升分析的准确性和效率。此外，定期进行模型的评估和更新，也是保证智能分析效果的必要措施。只有通过持续的技术迭代和优化，智能分析才能够适应不断变化的公共安全需求。

4. 数据分析

数据分析的流程通常始于数据的收集与预处理阶段，在这一阶段，公共安全监控系统通过各种传感器和监控设备收集多维度的数据，包括图像、视频、声音及环境监测数据等，这些数据的多样性为后续的分析奠定了基础。原始数据往往存在噪声、缺失和冗余信息，因此，数据的预处理至关重要，在这一过程中，公共安全监控系统需要通过数据清洗、格式化和标准化等操作，确保输入数据的质量，从而为后续分析提供可靠的基础。

数据分析的深度与准确性依赖于选择的分析模型和算法。随着人工智能和大数据技术的快速发展，各种机器学习与深度学习算法被广泛应用于公共安全监控的场景中。不同的分析任务可能需要不同的模型，如目标检测任务通常采用卷积神经网络，而时序数据分析更适合使用递归神经网络或长短时记忆网络。在选择合适的模型时，公共安全监控系统还需考虑数据的特点、任务的复杂性及所需的实时性等因素，以确保分析的有效性和准确性。

随着数据分析的深入，公共安全监控系统可以将分析结果转化为可操作的信息。通常，这些信息会以报告、图表或可视化界面的形式呈现给用户，这样的输出不仅能帮助用户迅速理解分析结果，还能为后续的决策提供支持。例如，公共安全监控系统可以通过热力图展示监控区域内的活动频率，或者通过时间序列图表分析特定时段内的异常事件分布。这种直观的呈现方式极大地方便了用户进行实时决策和后续管理，提升了系统的实用性和有效性。

在数据分析的过程中，实时性是一个不可忽视的重要指标。公共安全监控系统的应用场景往往要求其能够快速响应潜在威胁。因此，该系统需要具备快速的数据处理能力，以发挥实时的数据分析和报警功能。通过优化算法和改进数据处理流程，公共安全监控系统能够在接收到数据后迅速分析并反馈结果，确保用户能够及时获取关键信息。

数据分析的智能化水平在不断提升。通过引入自适应学习机制，公共安全监控系统能够根据历史数据和实时反馈，动态调整分析策略，这种智能化的调整不仅能够提高分析的准确性，还使得公共安全监控系统在面对不断变化的监控环境时，具备更强的适应能力。用户的使用行为和反馈也能够为公共安全监控系统的算法优化提供参考，形成良性的反馈循环，进一步提升数据分析的效率与效果。

在数据分析的输出环节，生成的报告和图表不仅是分析结果的总结，更是后续决策的重要依据。公共安全监控系统能够根据不同的分析结果自动生成相应的报告，涵盖事件的详细信息、分析结果及建议措施等。这些报告能够为管理层提供有力的支持，帮助其做出基于数据的决策。此外，公共安全监控系统还可以将这些报告进行归档，便于后续的追溯与分析，为未来的安全管理提供宝贵的参考。

5. 响应机制

公共安全监控系统的响应机制是系统架构中的核心组成部分，其设计和实施直接影响到公共安全管理的效率与有效性。当公共安全监控系统通过监测数据分析发现潜在安全威胁时，响应机制能够迅速触发一系列的预设程序，以确保及时、有效地应对各种突发事件。这一机制不仅涉及警报的生成与传播，还涵盖信息的分类、评估与建议措施的制定，旨在为用户提供全面而系统的响应支持，从而维护公共安全。

在公共安全监控系统中，响应机制的首要任务是确保实时性。当公共安全监控系统识别到异常行为或潜在威胁时，必须在最短的时间内触发警报，这一响应时间的长短通常决定了事件处理的效果与结果，因此设计时应考虑多个因素，包括系统的处理能力、数据传输的速率及用户的接收能力等。为此，公共安全监控系统通常采用高效的数据处理算法和快速的数据通信协议，以减少响应延迟，确保在突发情况下，用户能够迅速获取相关信息。

一旦潜在威胁被识别并触发警报，公共安全监控系统将迅速向用户发送通知，这一通知不仅应包括威胁的性质和位置，还应附加关于如何应对该威胁的具体建议，这种信息的完整性和准确性至关重要，它能够帮助用户快速判断情况并做出合理反应。例如，在面临火灾或入侵等紧急情况时，用户需要知道最有效的应对策略，以便采取适当的行动。因此，响应机制不仅是警报的触发，更是信息的全面传递与有效引导。

为了提高响应机制的实用性，公共安全监控系统还应当具备智能化决策支持功能。随着人工智能和机器学习技术的发展，公共安全监控系统可以通过对历史数据和实时监测信息的分析，识别出不同情境下的最佳响应策略。这一智能化响应能力可以显著增强公共安全监控系统在复杂情况下的适应性与灵活性，使用户能够在多变的安全环境中及时获得切实可行的应对方案。此外，公共安全监控系统的智能化决策还能够不断学习与优化，通过反馈机制逐步提高响应的准确性与效果。

在实施响应机制时，信息的传播渠道和方式是关键考量因素。公共安全监控系统应建立多元化的警报传播渠道，如手机通知、电子邮件、声光报警等，以确保信息能够迅速送达不同的用户和相关机构。此举能够扩大公共安全监控系统的覆盖面，确保在紧急情况下，所有相关人员都能及时获得警报信息，进而迅速做出反应。这种多渠道的传播机制不仅提高了信息的可达性，还增强了用户对公共安全监控系统的信任度和依赖性。

在设计响应机制时，必须充分考虑各种可能的突发情况，这意味着响应机制应具备高度的灵活性和适应性，能够根据不同的威胁类型和情境变化，自动调整响应策略。例如，面对不同类型的威胁，如自然灾害、社会安全事件或公共卫生危机，公共安全监控系统应能够迅速识别并切换至相应的响应模式。这种多样化的响应能力不仅提高了公共安全监控系统的综合效能，还为用户提供了更为可靠的安全保障。

响应机制的实施需关注后续的事件处理与分析。在报警之后，公共安全监控系统应能够记录每次事件的详细信息，包括响应时间、处理过程及结果等，这些数据不仅有助于事后分析与总结，还为公共安全监控系统的持续改进提供了重要依据。通过对历史事件的分析，公共安全监控系统能够识别出响应过程的不足之处，并进行相应的调整与优化，以提升未来的响应效率。

在整体的响应机制设计中，用户体验不可忽视。用户在接收到警报信息时，往往处于紧张和压力状态，因此，公共安全监控系统应注重信息的呈现方式，确保警报内容简明扼要、直观易懂。此外，用户与公共安全监控系统的交互设计应当友好，该系统应提供清晰的操作指导，使用户在紧急情况下能够迅速做出反应。为此，公共安全监控系统可以提供图形化的用户界面，直观展示威胁信息及应对措施，增强用户在危机情况下的决策信心。

在实践中，公共安全监控系统的响应机制应当与其他公共安全管理系统进行有效整合。例如，响应机制与应急指挥系统的结合，能够为事件处理提供更为全面的支持，确保在发生重大安全事件时，各方能够迅速协调配合，形成合力。通过信息共享与资源整合，公共安全监控系统能够提高应对复杂安全事件的能力，从而更好地维护公共安全。

6. 系统优化与更新

（1）算法的持续更新。近年来，深度学习与机器学习等先进算法在图像处理和数据分析领域取得了显著的进展，这为公共安全监控系统的优化提供了丰富的技术基础。在引入这些新算法后，公共安全监控系统能够更好地识别目标，进行有效的行为分析，从而提升系统的识别准确性。例如，卷积神经网络等深度学习模型在图像分类和目标检测方面展现了优越的性能，能够帮助公共安全监控系统提高对复杂场景和多样目标的识别能力。这种算法的引入不仅优化了公共安全监控系统的核心功能，还为用户提供了更为精确的安全监控结果。

（2）系统的处理效率。随着数据量的不断增加，传统的数据处理方法已难以满足实时监控的需求。因此，开发者需要探索高效的数据处理技术，如分布式计算和边缘计算，以提高公共安全监控系统在面对大规模数据时的响应能力。通过将部分计算任务移至边缘设备，公共安全监控系统能够在靠近数据源的地方进行处理，从而降低减少，提高响应速度。此外，这种架构还能够有效减少网络带宽的压力，确保公共安全监控系统在不同环境下的稳定性与可靠性。

（3）用户反馈。用户的反馈不仅包括对公共安全监控系统性能的评价，还反映了用户在使用过程中的真实需求，这些需求的变化往往指向公共安全监控系统功能的扩展或优化，如用户希望增加某些特定功能或改进现有功能的可用性。因此，定期收集和分析用户反馈，将为公共安全监控系统的优化提供宝贵的参考依据，使开发者能够在优化过程中更加贴合用户需求。

（4）系统的可扩展性。随着用户需求的多样化，公共安全监控系统应具备良好的可扩展性，以适应未来可能出现的新需求和新技术。开发者应考虑公共安全监控系统架构的灵活性，设计开放的接口与模块化的功能，使公共安全监控系统能够便捷地集成新的算法、设备和技术。此外，云计算平台的使用也为公共安全监控系统的扩展提供了有力支持。通过云服务，用户可以灵活地调整公共安全监控系统的资源配置，以满足不同时期的监控需求，从而提高整体的资源利用效率。

（5）系统的安全性与稳定性。随着技术的不断进步，网络安全问题越发突出，公共安全监控系统作为重要的安全基础设施，必须具备足够的防护措施，以防止潜在的网络攻击和数据泄露。因此，开发者在进行公共安全监控系统优化时，应将安全性作为重要的考量因素，采用加密技术和访问控制等手段，确保公共安全监控系统在功能扩展的同时，依然能够保持高度的安全性。

（6）用户培训和支持。即使公共安全监控系统进行了全面的优化与更新，用户仍需要具备相应的知识与技能，以充分发挥系统的潜力。因此，开发者应提供公共安全监控系统使用的培训和技术支持，帮助用户快速适应新系统的功能和操作方式。用户培训能够进一步提升用户体验，促进用户对新功能的接受和使用，从而最大限度地发挥公共安全监控系统的效能。

（7）系统的维护与管理。随着技术的发展，公共安全监控系统所面临的威胁与挑战不断变化，开发者必须建立健全的维护与管理机制，以确保系统在使用过程中的稳定性和安全性。定期的公共安全监控系统评估与维护，能够帮助开发者及时识别和修复潜在问题，确保系统始终保持良好的工作状态。此外，公共安全监控系统的版本更新与补丁管理也是必要的，开发者应当在合适的时机发布新版本，修复已知的漏洞和问题，提升系统的整体性能与安全性。

7. 数据安全和隐私保护

（1）数据安全的基础在于对数据的合规性管理。公共安全监控系统在数据收集和使用过程中，必须遵循相关法律法规，这不仅涉及个人信息保护法、数据保护法等国家层面的法律要求，还包括各类地方性法规和行业标准。合规性的核心在于用户数据的处理应遵循合法、正当、必要的原则，即在收集数据时，应明确告知用户数据收集的目的和方式，并获得用户的知情同意，这一过程不仅是法律的要求，更是建立用户信任的重要手段。通过透明的信息披露和告知，公共安全监控系统能够有效减少用户的顾虑，提高公众对公共安全监控系统的接受度。

（2）数据安全涉及数据存储和传输过程中的多重保护机制。在数据存储阶段，必须采取有效的加密技术来确保数据在存储过程中的安全性，防止未经授权的访问和数据泄露。数据在传输过程中的保护同样重要，应用安全协议能够有效防止数据在网络传输过程中被窃取或篡改。此外，制定合理的访问控制策略，确保只有经过授权的用户和系统能够访问敏感数据，是维护数据安全的重要措施。通过这些技术手段，公共安全监控系统能够最大限度地减少数据被不当使用的风险。

（3）隐私保护的实现基于对个人信息的严格管理和有效控制。公共安全监控系统涉及大量的个人数据，包括图像、视频、位置等信息，若未妥善处理，将对个人隐私构成威胁。因此，设计者应在公共安全监控系统架构中嵌入隐私保护机制，如数据去标识化、最小化收集原则和匿名化处理等，这些技术手段可以在保护用户身份信息的同时，满足公共安全监控系统对数据的使用需求。例如，对数据进行去标识化处理能够有效减少对个人隐私的侵害，即使数据在使用过程中被不当获取，也难以追溯到具体的个人。

（4）数据安全和隐私保护的实施需建立健全的管理制度与技术保障体系。除了技术手段，制度的建设同样不可忽视。公共安全监控系统应制定明确的数据管理规范，涵盖数据的收集、存储、使用和销毁等各个环节，这些规范应由专业人员负责监督执行，确保各项操作符合预定的安全和隐私保护要求。同时，定期开展安全审计与隐私评估，及时发现和修复潜在的安全漏洞，将有助于公共安全监控系统不断完善其数据安全和隐私保护策略。

（5）技术创新是推动数据安全和隐私保护的重要因素。随着人工智能、大数据分析等新兴技术的不断发展，公共安全监控系统可以更好地实现数据的高效利用与隐私保护的平衡。例如，利用机器学习算法，公共安全监控系统可以在保障隐私的前提下，快速分析和处理大量监控数据。这些技术的应用使公共安全监控系统在进行数据分析时，可以自动识别和屏蔽与个人隐私相关的信息，降低隐私泄露的风险。

（6）在全球范围内，数据安全和隐私保护日益受到重视，各国对个人数据保护的立法也在不断推进。公共安全监控系统开发者需关注国际法律法规的变化，积极响应各国对数据保护的要求。在跨境数据传输和处理的场景中，遵循相应的国际标准和合作机制，将有助于保障数据在全球范围内的安全与合规。

（五）公共安全监控系统的性能需求

1. 运算能力

公共安全监控系统通常负责对广泛的监控数据进行实时采集和处理，涉及的范围非常广泛。监控设备通过多种传感器、摄像头等硬件设施，收集包括图像、视频流以及各种环境信息在内的海量数据。这些数据不仅量大，而且复杂多样，涵盖了视觉信息、环境参数等多个维度，因此公共安全监控系统必须具备高效的运算处理能力。

面对如此庞大的数据处理需求，公共安全监控系统的处理器应能够高速执行复杂的计算任务，确保在最短的时间内完成对数据的分析与处理。只有具备出色的计算能力，公共安全监控系统才能在潜在威胁出现时及时做出反应，将分析结果快速传达给安全管理人员，以便其及时采取必要的应对措施。

实时处理是公共安全监控系统的一个关键要求，延迟或滞后的数据处理可能导致对威胁的识别不及时，从而影响安全防护的效率。为了确保高效分析和响应，公共安全监控系统需要具备连续且流畅的处理能力，时刻保持对安全风险的监控，并通过先进的算法和计算资源，保障对潜在风险的预测和应对。有效的实时监控不仅能够确保公共安全，还能够降低潜在威胁所带来的风险。

2. 数据展示能力

在现代社会中，公共安全监控系统产生的大量数据若仅以传统的方式呈现，往往难以被直观理解和快速利用。因此，公共安全监控系统必须通过先进的可视化工具，将复杂的监控数据转化为易于理解的形式，使用户能够更加清晰、简便地掌握数据的核心信息。通过这些工具，用户可以在短时间内全面了解监控环境的现状与变化，进而加快应急决策的速度。为了实现这一目标，公共安全监控系统应当支持多种展示形式，如常用的图表、热力图以及实时监控画面等。图表能够帮助用户识别数据的规律和趋势，热力图能够通过颜色变化展示监控区域的活跃程度或潜在威胁，实时监控画面能够直接提供当前的现场状况，为用户提供即时信息。这些可视化形式能够根据不同的应用场景进行切换或组合，使公共安全监控系统更加灵活、高效。

3. 对深度学习网络的检测能力

随着监控数据量的急剧增长和复杂化，传统的数据处理技术已经无法满足日益增长的需求，因此，深度学习技术被引入到公共安全监控系统中，以应对更高的数据分析要求。深度学习在图像识别和目标检测方面展现了卓越的性能，能够通过自动学习图像特征实现精准识别，这使其非常适合在公共安全监控系统中应用。

通过将深度学习算法与监控系统相结合，公共安全监控系统可以在大规模数据处理的同时，进行高效且精准的分析。具体来说，公共安全监控监控系统应具备快速识别多个目标的能力，并能够对这些目标进行分类和标记。通过这种方式，公共安全监控系统可以实时检测和追踪不同类型的目标物体，提供细化的分析结果。尤其是在复杂的场景中，深度学习能够帮助公共安全监控系统有效过滤干扰信息，确保目标物体识别的精度。

公共安全监控系统通过对潜在威胁的准确识别，能够为相关人员的决策提供有力支持。该系统能够基于分析结果及时发出警报，提醒操作人员或执法部门采取必要的措施，避免危险事件的发生。这样的技术不仅使公共安全监控系统具备更强的监控能力，还大大提高了公共安全的保障水平。

4. 安全性

（1）数据传输和存储。为了防止敏感数据在传输或存储过程中遭到泄露或篡改，公共安全监控系统必须采用强大的加密算法。这种加密技术能够有效保护数据在通信网络中的安全性，避免黑客攻击或恶意软件的入侵。此外，公共安全监控系统还应设计健全的备份和恢复机制，以防止数据丢失或意外损坏。

（2）访问控制策略。公共安全监控系统应当设计严格的访问控制策略，以确保只有经过授权的用户才能访问敏感信息。这不仅能够防止未授权人员的恶意操作，还能够追踪和记录用户的操作行为，便于事后审计和安全排查。

5. 稳定性

公共安全监控系统的有效性依赖其始终如一的运行状态，这意味着其必须能够持续提供准确的数据和信息。如果公共安全监控系统发生故障，可能会导致监控盲区的产生，从而显著增加安全风险。此时，潜在的威胁可能得不到及时的发现和处理，甚至可能导致重大安全事故的发生。因此，设计者在公共安全监控系统设计过程中应高度重视冗余设计和容错能力的增强。冗余设计可以通过增加备用组件或系统的方式，确保在某一部分发生故障时，其他部分仍能正常运作，避免公共安全监控系统整体瘫痪。此外，容错能力的增强使公共安全监控系统能够在遭遇外部干扰或内部故障时，依然保持一定的功能和性能，保证监控工作的稳定性和可靠性。

6. 兼容性

公共安全监控系统需具备良好的兼容性，以适应多种硬件和软件环境，这意味着它能够在不同的操作系统、平台和设备上顺畅运行。这样的设计不仅提高了公共安全监控系统的灵活性，还确保了用户能够根据实际需求自由选择硬件与软件，避免了因系统限制而导致的额外投资。集成需求也是公共安全监控系统设计中的关键环节，为了实现高效的信息收集和处理，公共安全监控系统需要与不同类型的传感器、摄像头和存储设备进行集成，这种多元化的集成能力使得公共安全监控系统能够及时获取各类数据，从而提高了监控的实时性与准确性。同时，设计者应确保公共安全监控系统具备开放性，以实现与各种设备的无缝连接。开放性不仅促进了新技术的引入，还为用户提供了更大的选择空间，使他们能够根据具体需求进行个性化配置。提升兼容性有助于公共安全监控系统的广泛应用，因为用户无须担心设备之间的兼容问题，从而降低了系统升级和维护成本。通过合理的设计与规划，公共安全监控系统能够在保证性能和功能的前提下，最大限度地减少企业的整体投资，实现更高的经济效益与社会价值。

7. 操作界面的友好性

用户交互设计必须充分考虑用户的使用习惯和需求，确保操作过程简单直观，从而降低使用门槛。一个设计良好的界面能够使用户在进行数据输入、参数设置和结果查看时更加顺畅，有效提高工作效率。公共安全监控系统应具备多语言支持功能，以满足不同用户群体的需求。随着全球化进程的加快，用户的语言背景多样化，公共安全监控系统提供多语言选项将使其更具包容性和适用性。灵活的配置选项也是公共安全监控系统设计中不可忽视的部分。公共安全监控系统需提供可调整的设置，以适应不同环境下的操作要求，这种灵活性不仅可以满足不同用户的个性化需求，还可以根据实际情况进行调整，从而提高系统的适应性和可用性。

8. 系统的学习能力和自适应性

为了适应新出现的安全威胁，公共安全监控系统必须具备动态学习的能力，这种动态学习能力不仅允许公共安全监控系统在运行过程中实时更新算法和参数，还能使其及时调整以应对新的挑战和变化。通过不断学习和更新，公共安全监控系统能够显著提高目标检测的准确性和效率。当公共安全监控系统积累了更多的数据和经验后，它能够识别出更多的模式和异常情况，从而提升检测的精准度。此外，公共安全监控系统的学习能力使其能够更好地理解用户的需求，优化操作界面和功能，从而增强用户体验。自动调整功能是公共安全监控系统适应性的重要表现，公共安全监控系统可以根据实际监控数据的变化，自动调整分析参数和模型权重，以优化检测效果。这种灵活性不仅提升了公共安全监控系统的适应性，还确保了其在不同环境下的高效运行。例如，公共安全监控系统可以在检测到特定类型的威胁时，自动激活相应的分析模块，以更快地响应并处理潜在的安全事件。

二、公共安全监控系统设计

（一）公共安全监控系统架构设计

公共安全监控系统架构设计是保障社会安全的关键技术之一。其主要任务是通过信息采集、数据处理与分析、实时监控等手段，实现对潜在威胁和异常事件的精准识别与预警。为了提高公共安全监控系统的稳定性、扩展性以及准确性，合理的系统架构设计至关重要。公共安全监控系统通常由多个层次组成，其中包括用户交互层、业务逻辑层及后端数据处理与存储层。每一层次都在公共安全监控系统的整体功能中发挥着不可或缺的作用，确保其高效运作。

1. 用户交互层设计

用户交互层的主要功能是为用户提供直观的操作界面，使其能够轻松完成模型加载、数据输入以及监控模式的选择。用户交互层的设计应注重用户体验，界面应简洁明了，操作流畅，同时具备较高的可用性与易用性。在公共安全监控系统设计中，常采用基于 PC（个人计算机）平台的界面开发工具，如PyQT（创建应用程度的工具包）等，以实现前端的功能模块化和用户界面的可定制化。这不仅增强了公共安全监控系统的灵活性，还使得后续的功能扩展更加便捷。

用户交互层的核心在于响应用户需求，为用户提供定制化的检测选项，这种灵活性不仅体现在用户能够选择不同的数据输入形式，如图片、视频或实时监控画面，还体现在用户可以根据不同的安全需求配置相应的检测模型。用户通过交互界面可以根据具体需求加载相应的模型权重，这些模型经过优化和训练，能够针对不同类型的潜在威胁进行精准检测。在架构设计时，前端需与后端的数据处理层进行无缝对接，确保用户的输入数据能够快速传递到业务逻辑层进行处理，从而保证监控系统的实时性。

2. 业务逻辑层设计

业务逻辑层承担了公共安全监控系统的主要功能，包括数据处理、模型加载、目标检测与追踪等，该层次的设计应注重效率与准确性的平衡，确保公共安全监控系统能够在处理大量数据的同时，快速得出准确的分析结果。在公共安全领域，监控数据的实时性至关重要，因此，业务逻辑层不仅需要能够迅速处理来自前端的用户输入数据，还需要具备强大的计算能力，以应对大量实时视频流的分析。

在业务逻辑层的设计中，数据处理模块主要负责接收前端传入的各种形式的输入数据，并根据用户选择的检测模式执行相应的任务。公共安全监控系统应当具备灵活的模型加载机制，以适应不同场景下的检测需求。例如，在面临动态威胁时，公共安全监控系统可以启动目标追踪功能；在特定区域的安全监控中，则可以启用目标检测模式。为了提高检测的准确性，业务逻辑层通常会集成深度学习或机器学习的算法模型，这些模型经过训练，能够识别出各种复杂的威胁模式。

业务逻辑层在检测到潜在威胁后，会通过系统警报机制提示用户，这一机制在公共安全领域尤为重要，因为其能够帮助相关人员在第一时间做出反应，防止事故或危机的进一步扩大。警报框的弹出设计应符合人机交互的基本原则，能够即时引起用户注意，同时避免不必要的误报或干扰。为此，公共安全监控系统应具备一定的智能化功能，通过融合历史数据和上下文信息，尽可能减少误报，提高警报的精准度。

3. 后端数据处理与存储层设计

后端数据处理的主要功能是接收和处理来自前端与业务逻辑层的数据，并将结果存储或进行进一步分析，该层的架构设计必须考虑系统的处理能力、数据存储的扩展性以及信息安全问题。由于公共安全监控系统通常涉及大量实时视频数据，后端的存储系统应具备海量数据处理能力，并支持多种数据格式的存储与检索。

后端的设计应保证数据处理的高效性，同时具备良好的扩展性，以适应不同规模的监控需求。常见的设计模式包括分布式数据处理系统和云存储架构，这些架构能够支持多点监控系统的联动与数据共享。通过分布式计算，公共安全监控系统能够将来自不同监控点的数据进行并行处理，从而提高整个公共安全监控系统的响应速度。在设计中，公共安全监控系统还应考虑数据的冗余存储与备份机制，以应对突发状况下的数据丢失问题。

数据安全性在后端设计中占据重要地位，由于公共安全监控系统处理的数据往往涉及敏感信息，因此其必须采取严格的安全措施，确保数据在传输、处理和存储过程中的机密性与完整性。常见的安全设计方案包括数据加密、访问控制和日志追踪等，以防止未经授权的访问或数据泄露。此外，公共安全监控系统还应具备高效的数据恢复能力，以应对突发的系统故障或恶意攻击。

（二）公共安全监控系统模块设计

1. 整体模块

公共安全监控系统的整体模块主要描述系统的最基本功能，如图6-3所示。公共安全监控系统的功能模块设计直接决定了其运行效率和监控能力，该系统的主要功能可分为三个核心模块：数据载入模块、目标检测模块和目标追踪模块。这三个模块相互配合，共同完成数据的输入、分析、检测和追踪，确保公共安全监控系统能够快速、准确地识别并处理监控区域内的潜在威胁。

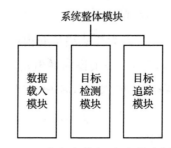

图 6-3　公共安全监控系统整体模块

（1）数据载入模块。数据载入模块负责接收并处理用户输入的数据，该模块的设计必须兼容多种数据格式，以便其能够有效处理图片、视频和实时监控流等多类型数据输入。为了确保数据的完整性和准确性，公共安全监控系统需要在数据载入时进行基础的预处理工作，包括数据格式转换、去噪处理以及图像增强等，这些处理步骤可以为后续的目标检测和追踪提供更加清晰、可靠的数据输入。此外，数据载入模块还需具备灵活性，以应对不同场景下的监控需求，并通过高效的接口与用户交互层及后续的检测模块进行数据传输。

（2）目标检测模块。目标检测模块主要负责对输入数据中的目标进行检测和识别。目标检测模块通常依赖深度学习或机器学习算法，通过预先训练的模型对监控区域内的物体进行识别和分类。该模块的设计要求极高的准确性和实时性，以便在大规模数据处理的过程中，迅速识别出潜在威胁或异常情况。公共安全监控系统通过分析图像或视频流中的物体特征，自动检测出关键目标，并将检测结果反馈到前端用户界面。目标检测模块不仅需要具备处理静态图像的能力，还需要具备应对动态视频流的处理挑战的能力，因此其计算效率和并行处理能力在公共安全监控系统设计中尤为重要。

（3）目标追踪模块。目标追踪模块负责在目标检测后对指定目标进行实时追踪，该模块通过连续监控输入数据中目标的位置、形态变化等特征，确保对动态目标的持续追踪。目标追踪模块不仅依赖于前述的目标检测结果，还需要具备预测和判断能力，以应对目标的快速移动或遮挡情况。追踪模块通过算法对目标的运动轨迹进行计算，确保在复杂场景中，公共安全监控系统仍能准确识别并追踪目标。这一模块在公共安全监控系统中尤为重要，特别是在涉及动态威胁或人员流动的场景下，能够有效提升监控效率和安全性。

2. 数据载入模块

（1）模型权重的载入。当用户在前端界面选择相应的检测或追踪模型时，公共安全监控系统需要将该模型的预训练权重加载到后端处理模块中。模型权重的载入直接影响后续数据处理的准确性和效率，因此该过程要求公共安全监控系统能够快速、稳定地加载预训练模型，并确保模型权重的完整性。通过这种机制，公共安全监控系统可以根据用户需求使用不同的深度学习模型进行目标识别和检测，灵活应对各种监控场景的需求。

（2）图片文件的载入。无论是离线分析还是实时监控，图片文件的载入都是公共安全监控系统必不可少的部分，该功能应支持多种图像格式，并在载入过程中对图片进行必要的预处理，如格式转换和分辨率调整等，确保上传的图片能够被后端的深度学习模型正确识别和处理。同时，图片文件的载入也为公共安全监控系统的扩展性发展提供了便利，能够满足用户在不同场景下的多样化需求。

（3）视频文件的载入。视频文件的处理相较于图片文件更加复杂，公共安全监控系统不仅需要处理较大的数据量，还需要确保视频的连续性和清晰度。在载入视频文件时，公共安全监控系统需要对视频帧进行提取和分割，以便深度学习模型对每一帧进行独立分析。此外，视频文件的载入功能也应支持不同格式和不同分辨率的视频输入，确保公共安全监控系统具有足够的灵活性和兼容性。

（4）摄像头的开启。摄像头的开启不仅要保证视频流的稳定传输，还要与深度学习模型实现无缝对接，确保公共安全监控系统能够实时检测和追踪监控区域内的目标。实时数据的处理要求公共安全监控系统具有较高的计算效率和并行处理能力，以应对大量视频流的同时输入和分析。

3. 目标检测和跟踪模块

（1）目标检测模块。深度学习网络作为人工智能技术的重要组成部分，能够通过训练大量数据集，自动学习并提取图像中的特征信息，实现对目标的精准检测。用户可以根据实际需求选择不同的检测模式，如单目标检测模式或多目标检测模式，以适应不同场景的要求。此外，该模块还允许用户加载预先训练好的模型权重，这些权重通常来自广泛应用的深度学习模型，如基于深度学习的目标检测算法（YOLO）、Faster R-CNN等。这些模型通过大量的数据训练，具有极高的识别精度和速度，适用于各类复杂环境中的目标检测任务。

在完成目标检测后，公共安全监控系统会进一步通过威胁检测算法对潜在威胁进行判定。威胁检测算法是一种基于规则或机器学习的算法，其目的是根据检测到的目标特征来评估其是否存在潜在威胁。在某些安全领域，如公共安全或军事监控中，威胁检测算法可以通过分析目标的行为、位置、姿态等信息，迅速识别出异常或危险目标。这种结合目标检测与威胁检测的公共安全监控系统不仅能提高目标识别的精度，还能通过早期预警功能，有效防止潜在风险的发生。

（2）跟踪模块。跟踪模块是在目标检测的基础上，利用简单的在线实时跟踪算法（SORT算法）对目标进行跟踪。SORT算法是一种在线实时的目标跟踪算法，它以高效的计算速度和较低的复杂性著称，该算法通过结合目标检测结果，使用卡尔曼滤波器对目标的运动状态进行预测，并通过匈牙利算法将检测结果和预测结果进行关联，从而实现对目标的稳定跟踪。在动态场景中，如在视频监控或无人驾驶中，SORT算法可以持续跟踪多个移动目标，为公共安全监控系统提供目标的运动轨迹及其相关信息。这种高效的跟踪机制使公共安全监控系统能够在复杂、多变的场景中保持对目标的连续识别，为后续决策提供支持。

第三节　基于深度学习的智能交通系统安全行驶

车辆轨迹预测作为智能交通系统的重要组成部分，直接影响着道路交通的安全性与流畅性。车辆轨迹预测是通过分析车辆的历史状态、当前状态及环境信息，对其未来的移动路径进行推测。其主要目的是在交通流的动态变化中，提供精确的车辆运动轨迹预估，以便更好地支持安全预警、路径规划和碰撞规避等功能。轨迹预测不仅服务于单个车辆的路径规划，还在整个交通系统中扮演着关键角色，通过提前感知潜在风险来协助驾驶者和自动驾驶系统做出更安全的决策。

车辆轨迹预测的核心在于准确性，其预测效果直接决定了安全应用的有效性。为了提高预测准确性，目前的研究已逐渐超越了基于简单运动学模型的传统方法，转而将车辆与周围环境的交互作为核心考量因素。传统方法通常仅依赖于单一车辆的运动状态，如位置、速度和加速度，假设其在短时间内运动状态不变，通过运动学模型预测其未来轨迹。但在实际交通场景中，车辆的行为往往受到周围环境的动态影响，如其他车辆的行驶策略、道路状况、天气变化等多种因素的共同作用。因此，仅依赖目标车辆自身状态的预测方法在复杂场景中精度有限，难以满足实时交通系统对高精度预测的需求。

一、基于深度学习的安全行驶系统框架

深度学习技术的快速发展为智能交通系统的创新提供了强有力的支持。深度学习在交通管理和安全领域尤为重要。在智能交通系统中，深度学习被广泛应用于安全行驶的各个环节，这种智能化监测手段不仅提高了交通系统的响应速度，还有效降低了事故发生率。如图 6-4 所示，左侧是对交通场景的描述，包括训练层和应用层，场景被划分成了一些小区域，方便做基于区域范围的应用决策。右侧分别描述了训练服务器和决策服务器上具体的数据处理。在训练层，待训练车辆和它周围的车辆把历史轨迹发送给训练服务器节点，图 6-4 中的训练服务器设置在基站上，训练服务器利用这些数据训练短时轨迹预测的神经网络，并将训练结果返回给车辆，这里为了图的简洁性，没有画出结果返回的过程。在应用层，每个区域内的所有车辆在进入区域的时候，把自己的轨迹预测模型传递给决策服务器，同时，在该区域行驶的时候，以频率 F 把自己的实时轨迹数据传递给决策服务器，决策服务器根据这些数据做时长 FT（英尺）的协同轨迹预测。预测的轨迹一方面用于和接下来车辆发送的实时轨迹做相似度对比，进行车辆轨迹异常检测，如果有异常，则把异常警告发送给目标车辆，让目标车辆做后续的处理，如异常自检等，警告信息还需要传递给目标车辆附近的车辆，以提醒与异常的目标车辆保持安全距离；预测的轨迹另一方面用于车辆相互间两两碰撞检测，如果可能发生碰撞，则产生碰撞预警信息，并发送给相应车辆，同样为了图的简洁，上述信息的发送过程没有画出来。需要注意的是，如果一辆车已经被判断为轨迹异常了，则其预测的轨迹信息将不再可靠，这个时候这辆车的预测轨迹将不再参与与其他车辆的碰撞检测计算。

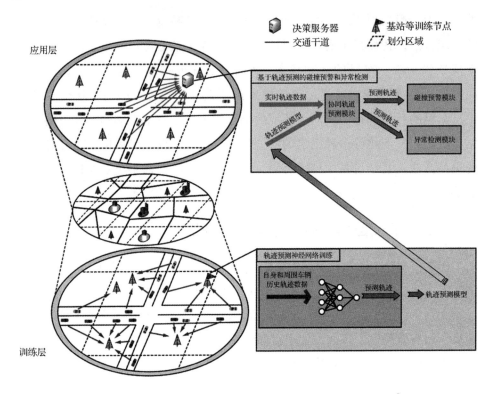

图 6-4　基于深度学习的智能交通系统安全行驶框架[①]

二、两层协同轨迹预测

轨迹预测的误差，即预测轨迹与实际轨迹之间的差异，主要来源于两方面：① A 类型，在驾驶行为假设正确的情况下出现的错误；② B 类型，由于驾驶行为假设的不准确而引起的错误，即实际驾驶行为与假定驾驶行为不同。

第二层协同预测是一种面向目标车辆与周围区域车辆的集体协同预测方法，其核心在于通过双层交互迭代的过程，动态提升长时轨迹预测的准确性。在第二层协同预测中，区域内所有车辆的短时预测结果被当作新的"历史轨迹"，每辆车基于该结果进行单步短时预测，以推算下一个时间段的轨迹。此过程通过迭代不断更新预测数据，逐步将短时预测累积至期望的预测时长，从而建立多层次的动态预测框架。

---

① 图 6-4 引自：张婷婷.基于深度学习的智能交通系统安全行驶技术研究［D］.四川：电子科技大学，2021：21-24.

通过这种协同预测方式，区域内车辆之间的相互影响在多次迭代过程中被灵活地纳入预测模型，使预测系统能够更加全面地反映实际交通场景中各车辆行为的交互关系。与单独预测相比，双层协同预测能够显著提高预测系统对长时轨迹变化的灵敏度，从而提高预测精度。其优势在于不但考虑了当前时间步的交互影响，还在预测时间段内持续地更新该影响，从而进一步优化了长时轨迹预测的结果，为智能交通系统的安全性和效率提供了坚实的技术支持。基于注意力机制 LSTM 的两层协同轨迹模型如下。

（一）一级预测模型

一级预测模型专注于短时预测，其设计充分考虑了目标车辆与周边车辆的交互作用。鉴于轨迹数据的时间序列特性，该模型采用 LSTM 神经网络作为处理序列数据的核心结构，以应对复杂的时序关联性。通过 LSTM 神经网络的层级特性，该模型能够高效处理时序数据中存在的短期依赖关系。为确保输入数据和输出数据的时间跨度能够适配，该模型框架选用处理序列数据的神经网络架构（seq2seq）模型，增强了处理多样化时间长度的灵活性，进一步提升了预测的精准度。

一级预测模型的构建逻辑基于对周围 6 辆车对目标车辆的影响程度的分析和分配，这 6 辆车分别为左车道和右车道的前后车辆，以及与目标车辆同车道的前后车辆。此选择方案反映出不同相邻车辆在影响程度上的差异性，使模型能够更有效地捕捉车辆之间的动态互动。输入数据包括这 7 辆车的时长（HT）的历史轨迹，以确保模型能够获得充分的前序信息，从而准确推演目标车辆在短时内的行驶轨迹。

通过该结构，一级预测模型不仅实现了对目标车辆的高效短时轨迹预测，还减轻了在处理复杂交通场景时的计算负担。此外，该模型具有较高的通用性，适用于不同车流密度和多样化车道结构的应用需求。这种针对性的设计提升了模型的适用性和精准度，使其在短时预测任务中展现出稳健的性能和较强的适应能力。

（二）二级预测模型

区域内的车辆行为受多重因素的相互影响，其复杂性在于行为链条的紧密关联性，这意味着，每一辆车的行驶决策都可能对周围其他车辆产生直接或间接的作用，进而影响区域整体的交通流动和安全。因此，在轨迹预测中，如何合理考虑并分析所有车辆之间的动态互动成为关键。通常，为了应对这一挑战，简单的解决方案是将所有车辆的当前状态和历史状态一次性输入到神经网络模型中，从而输出每辆车的预测轨迹。二级轨迹预测模型的具体流程，如图 6-5 所示。

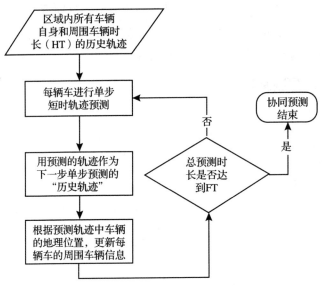

图 6-5　二级轨迹预测模型流程

通过二级轨迹预测的过程，区域内所有车辆之间的实时影响被灵活地考虑了进来。关于目标车辆的轨迹预测，在空间维度上，不再仅考虑目标车和周围车辆的交互，还考虑整个区域内的车辆之间的相互影响；在时间维度上，目标车辆的预测轨迹不是仅考虑车辆的历史状态，而是根据车辆的短时预测结果，以迭代的方式进行长时预测。这对于轨迹预测准确度的提升是非常重要的。

三、基于轨迹预测的碰撞预警

车辆碰撞警告系统（CWS）是一种重要的主动安全技术，其核心功能在于通过实时监测道路状况，识别潜在的碰撞威胁，并向驾驶员发出预警信号以降低交通事故风险。传统的 CWS 通常依赖雷达、激光雷达或摄像头等传感器获取车辆与周围障碍物的相对运动信息。基于这些信息，车辆碰撞警告系统能够评估发生碰撞的可能性，并在威胁增大的情况下触发预警。但传感器的检测范围、分辨率及其对环境的敏感性等物理限制，成为影响 CWS 性能的关键因素，这些系统往往难以获得障碍物后方的信息，或者识别障碍物的类型、大小和移动方向，因而对威胁的判断可能存在误差。现有技术的发展目标在于通过提高传感器精度、优化数据处理算法，甚至结合 V2X（车联网）技术，提升车辆碰撞警告系统在复杂交通环境下的感知能力，增加预警的准确性和时效性，从而为更智能化的交通安全提供支持。

（一）判断两个矩形实体是否发生碰撞

在判断两车轨迹是否会发生碰撞时，需检测在某一时间点是否存在交互重叠的情况。一般情况下，车辆可以抽象为矩形的包围盒，通过检测两个矩形的相交情况来判断是否发生碰撞。这一判断过程可以分为两步，即边相交检测和包含检测。边相交检测通过遍历两个矩形的边来实现，具体来说，需要检测一个矩形的每条边是否与另一个矩形的任何一条边相交，如果检测出边相交的情况，则可以判断两个矩形有重叠，这意味着会发生碰撞；如果未检测到边相交的情况，则进入下一步包含检测。

在包含检测步骤中，通过判断一个矩形的中心点是否位于另一个矩形内部来确定是否存在包含关系。这意味着，如果一个矩形的中心点落在另一个矩形内部，则两个矩形有交集，即发生碰撞。

若经过两步判断后，既未检测到边相交，也不存在包含关系，则可以确定这两个矩形彼此独立，没有碰撞。这一检测方法利用了几何特性，有助于准确、快速地判断两车是否会在行驶过程中发生碰撞，为轨迹规划和动态避障提供了基础支持。

（二）基于轨迹预测的碰撞预警

在判断两条连续轨迹是否会发生碰撞的理论分析中，需要对所有时刻的可能碰撞情况进行检测。但是，由于时间连续且在理论上是无限的，逐时判断所有可能的碰撞时刻在实际操作中是不可能实现的。因此，为了在有限的计算资源下进行有效的碰撞检测，可采取均匀采样的方式，即在连续的时间段内设定一定的时间间隔，对离散的时刻进行采样检测。这种方式可以在不影响检测精度的情况下简化运算量，避免错过可能发生碰撞的时刻。

为了进一步提高检测的准确性，避免因采样间隔过大而导致碰撞漏检的问题，对采样的预测轨迹进行适当的插值处理是必要的。在采样点之间引入合理的插值，使得轨迹点之间的间隔在合理范围内，以确保检测结果的精确性。这一方法能够提升碰撞检测的灵敏度，有效捕捉到潜在的碰撞点。合理的插值方法与采样间隔的设置相结合，使检测系统在有限的时间内可以获得接近连续检测的效果，在实践中更为高效。

参 考 文 献

［1］WORAWIT B.面向图像识别的混合生成对抗网络研究［D］.贵阳：贵州大学，2023：35-47，57-69.

［2］薄靖宇.基于深度学习的肺炎医学影像自动识别与检测技术研究［D］.北京：北京交通大学，2021：5.

［3］蔡怡菲.生成对抗网络图像设计研究［D］.福州：福建师范大学，2022：19-42.

［4］陈威，蔡奕侨.基于混合神经网络的多维视觉传感信号模式分类［J］.传感技术学报，2024，37（6）：1035-1040.

［5］程文涛，任冬伟，王旗龙.基于循环神经网络的散焦图像去模糊算法［J］.计算机应用研究，2022，39（7）：2203-2209.

［6］付光远，辜弘炀，汪洪桥.基于卷积神经网络的高光谱图像谱－空联合分类［J］.科学技术与工程，2017，17（21）：268-274.

［7］弓佳明.基于卷积神经网络的图像识别技术研究［J］.现代计算机，2023，29（1）：63-68，94.

［8］贺晋.基于卷积神经网络的三种粒度的图像识别模型研究［D］.北京：北京邮电大学，2021：35-43.

［9］贾永红.数字图像处理混合教学的研究与实践［J］.测绘通报，2022（2）：174-176.

［10］亢嘉潮.基于深度学习的公共安全监控系统［D］.成都：电子科技大学，2021：62-80.

［11］李光.智能交通系统的发展和建议研究［J］.模具制造，2023，23（7）：44-47.

［12］李华彬，纪小刚，孙榕，等.数字图像相关法的皮瓣减张缝合方法研究［J］.实验力学，2024，39（3）：305-314.

［13］李知恒，周锋，杨文俊.一种光通信数字图像传输系统的设计与实现［J］.电子测量技术，2022，45（16）：171-175.

［14］刘迪，王艳娇，徐慧 . 基于深度学习的医学图像肺结节检测［J］. 微电子学与计算机，2019，36（5）：5-9.

［15］刘毅 . 数字图像及其互象性逻辑［J］. 学术研究，2024（1）：159-165.

［16］娄联堂，汪然然 . 基于数字图像连续表示的图像分割方法［J］. 中南民族大学学报（自然科学版），2022，41（3）：374-378.

［17］鲁远耀 . 深度学习架构与实践［M］. 北京：机械工业出版社，2021.

［18］罗富贵，宋倩，覃运初，等 . 基于卷积神经网络在图像识别中的应用研究［J］. 电脑与信息技术，2024，32（3）：51-54.

［19］马媛媛 . 浅析安全监控系统技术在计算机领域的应用［J］. 数码世界，2018（10）：280-281.

［20］孟祥印，徐启航，肖世德，等 . 基于数字图像相关方法的亚像素位移迭代算法性能［J］. 光学学报，2024，44（3）：137-154.

［21］牛军军 . 基于生成对抗网络的图像增强与修复技术研究［J］. 互联网周刊，2024（13）：81.

［22］任敏敏 . 图像融合的循环神经网络去雾算法［J］. 小型微型计算机系统，2020，41（7）：1513-1518.

［23］尚玮 . 基于循环神经网络的图像去雨算法研究［D］. 天津：天津大学，2023：9-12，21-36.

［24］孙皓，伊华伟，景荣，等 . 基于生成对抗网络的图像修复算法［J］. 辽宁工业大学学报（自然科学版），2023，43（6）：391.

［25］孙宇，魏本征，刘川，等 . 融减自动编码器［J］. 计算机科学与探索，2021，15（8）：1526.

［26］谭健权，伊力亚尔·加尔木哈买提 . 基于深度学习的医学图像分割综述［J］. 电脑知识与技术，2024，20（18）：97.

［27］汪强龙，高晓光，吴必聪，等 . 受限玻尔兹曼机及其变体研究综述［J］. 系统工程与电子技术，2024，46（7）：2323.

［28］王青原，许颖，钱胜 . 基于机器视觉和数字图像相关技术的混凝土损伤演化研究［J］. 湖南大学学报（自然科学版），2023，50（11）：169-180.

［29］王之璞 . 基于循环神经网络的高光谱图像联合分类研究［D］. 青岛：青岛大学，2023：2-40.

［30］王子驰，李斌，冯国瑞，等.数字图像隐写分析综述［J］.应用科学学报，2024，42（5）：723-732.

［31］魏龙生，陈珺，刘玮，等.数字图像处理［M］.武汉：中国地质大学出版社，2023.

［32］吴祎璠.基于深度学习的医学图像分类综述［J］.畅谈，2023（7）：4-6.

［33］夏青，王桂霞.基于数字图像处理技术的激光光斑位置检测研究［J］.激光杂志，2024，45（9）：208-212.

［34］肖衡，潘玉霞.改进卷积神经网络的医学图像感兴趣区域识别［J］.计算机仿真，2024，41（3）：177-181.

［35］徐晓惠，彭忆强，徐延海，等.研究生"神经网络与深度学习导论"课程教学研究［J］.智库时代，2021（7）：208-209.

［36］杨博雄，李社蕾，肖衡，等.深度学习理论与实践［M］.北京：北京邮电大学出版社，2020.

［37］杨弘凡，李达，夏焕雄，等.基于数字图像相关的粘接界面内聚力模型参数反演识别［J］.机械设计，2023，40（S2）：14-19.

［38］袁冰清，陆悦斌，张杰.神经网络与深度学习基础［J］.数字通信世界，2018（5）：59-62.

［39］张弘.数字图像处理与分析［M］.北京：机械工业出版社，2020.

［40］张嘉晖，沈文忠.基于循环卷积神经网络的图像去模糊算法［J］.科技创新与应用，2021（6）：26-27，30.

［41］张俭.BP算法的改进［J］.辽宁师专学报（自然科学版），2011，13（2）：37-39.

［42］张丽娜，岳恒怡.基于数字图像的秘密共享实验教学设计［J］.实验室研究与探索，2024，43（7）：95-99.

［43］张松兰.基于卷积神经网络的图像识别综述［J］.西安航空学院学报，2023，41（1）：74-81.

［44］张维达，张甫恺，邹悦，等.基于FPGA的多目标数字图像模拟器［J］.仪表技术与传感器，2022（6）：95-98，104.

［45］赵蕾，桂小林，邵屹杨，等.数字图像多功能水印综述［J］.计算机辅助设计与图形学学报，2024，36（2）：195-222.

［46］周豪，李得睿，王凯，等.多点动位移数字图像相关法光测技术研究［J］.科

学技术与工程，2023，23（18）：7709-7715.

［47］周泉.智能交通系统的发展趋势及对其优化策略的研究［J］.人民公交，2024（14）：20.

［48］宗敏.基于机器学习的三维数字图像虚拟场景重建算法［J］.吉林大学学报（理学版），2023，61（6）：1425-1431.